Prof. Enos Kiremire

A VALÊNCIA ESQUELÉTICA E O PARÂMETRO K(n)

Prof. Enos Kiremire

A VALÊNCIA ESQUELÉTICA E O PARÂMETRO K(n)

NO CENTRO DAS FASES ZINTL

ScienciaScripts

Imprint

Cover image: www.ingimage.com

This book is a translation from the original published under ISBN 978-620-3-58032-7.

Publisher:
Sciencia Scripts
is a trademark of
Dodo Books Indian Ocean Ltd. and OmniScriptum S.R.L publishing group

120 High Road, East Finchley, London, N2 9ED, United Kingdom
Str. Armeneasca 28/1, office 1, Chisinau MD-2012, Republic of Moldova, Europe
Managing Directors: Ieva Konstantinova, Victoria Ursu
info@omniscriptum.com

Printed at: see last page
ISBN: 978-620-8-62921-2

Conteúdo

ANTECEDENTES

O NÚMERO ESQUELÉTICO DE UM ELEMENTO E O SEU NÚMERO ATÓMICO CORRESPONDENTE ESTÃO INTERLIGADOS

Verificou-se que o número esquelético K e o número atómico Z de um elemento estão facilmente relacionados através da equação do eletrão de valência do cluster VE=8n-2K para os elementos do grupo principal e VE=18n-2K para os elementos metálicos de transição. A valência esquelética de um elemento V também está relacionada com K por V=2K. Os valores derivados de K e V dos elementos representativos do grupo principal e dos metais de transição são apresentados na Tabela 1. Nesta derivação, o valor de n = 1 e o valor de VE é igual aos electrões de valência do elemento esquelético correspondente.

TABELA 1. Relação entre o número esquelético K de um elemento e o seu correspondente número atómico Z.

	Z								VE	K= $^1/_2$ [8n-VE] n=1	V=2K
H	1	$1s^1$									
Ele	2	$1s^2$									
Li	3	$1s^2$	$2s^1$						1	$^1/_2$ [8-1] =3.5	7
Ser	4	$1s^2$	$2s^2$						2	$^1/_2$ [8-2] =3	6
B	5	$1s^2$	$2s^2$	$2p^1$					3	$^1/_2$ [8-3] =2.5	5
C	6	$1s^2$	$2s^2$	2p2					4	$^1/_2$ [8-4] =2	4
N	7	$1s^2$	$2s^2$	$2p^3$					5	$^1/_2$ [8-5] =1.5	3
O	8	$1s^2$	$2s^2$	$2p^4$					6	$^1/_2$ [8-6] =1	2
F	9	$1s^2$	$2s^2$	2p5					7	$^1/_2$ [8-7] =0.5	1
Ne	10	$1s^2$	$2s^2$	2p6					0	$^1/_2$ [8-0] =0	0
Na	11	$1s^2$	$2s^2$	2p6	$3s^1$				1	3.5	7
Mg	12	$1s^2$	$2s^2$	2p6	$3s^2$				2	3	6
Al	13	$1s^2$	$2s^2$	2p6	$3s^2$	^{3}P1			3	2.5	5
Si	14	$1s^2$	$2s^2$	2p6	$3s^2$	$3p^2$			4	2	4
P	15	$1s^2$	$2s^2$	2p6	$3s^2$	$3p^3$			5	1.5	3
S	16	$1s^2$	$2s^2$	2p6	$3s^2$	$3p^4$			6	1	2
Cl	17	$1s^2$	$2s^2$	2p6	$3s^2$	$3p^5$			7	0.5	1
Ne	18	$1s^2$	$2s^2$	2p6	$3s^2$	3p6			0	0	0
K	19	$1s^2$	$2s^2$	2p6	$3s^2$	3p6	$4s^1$		1	3.5	7
Ca	20	$1s^2$	$2s^2$	2p6	$3s^2$	3p6	$4s^2$		2	3	6
Sc	21	$1s^2$	$2s^2$	2p6	$3s^2$	3p6	$4s^2$	$3d^1$	3	$^1/_2$ [18-3] =7.5	15
Ti	22	$1s^2$	$2s^2$	2p6	$3s^2$	3p6	$4s^2$	$3d^2$	4	$^1/_2$ [18-4] =7	14
V	23	$1s^2$	$2s^2$	2p6	$3s^2$	3p6	$4s^2$	$3d^3$	5	$^1/_2$ [18-5] =6.5	13
Cr	24	$1s^2$	$2s^2$	2p6	$3s^2$	3p6	$4s^2$	$3d^4$	6	$^1/_2$ [18-6] =6	12
Mn	25	s^2	$2s^2$	2p6	$3s^2$	3p6	$4s^2$	$3d^5$	7	$^1/_2$ [18-7] =5.5	11
Fe	26	$1s^2$	$2s^2$	2p6	$3s^2$	3p6	$4s^2$	$3d^6$	8	$^1/_2$ [18-8] =5	10

Co	27	$1s^2$	$2s^2$	$2p^6$	$3s^2$	$3p^6$	$4s^2$	$3d^7$	9	$^1/_2$ [18-9] =4.5	9
Ni	28	$1s^2$	$2s^2$	2p6	$3s^2$	3p6	$4s^2$	$3d^8$	10	$^1/_2$ [18-10] =4	8
Cu	29	$1s^2$	$2s^2$	$2p^6$	$3s^2$	$3p^6$	$4s^2$	$3d^9$	11	$^1/_2$ [18-11] =3.5	7
Zn	30	$1s^2$	$2s^2$	$2p^6$	$3s^2$	$3p^6$	$4s^2$	$3d^{10}$	12	$^1/_2$ [18-12] =3	6

QUADRO 2. NÚMERO ESQUELÉTICO			**BERS DE SELECCIONADOS**		**LIGANDAS**	
-0.5	-1.0	-1.5	-2.0	-2.5	-3.0	+0.5
H	CO	NÃO	RP	C5H5	C6H6	
F	N2	C3H5				
Cl	PR3					
Br						
I						
CN						
R						
-1 carga						+1 carga

CAPÍTULO 1

CATEGORIZAÇÃO DE GRUPOS QUÍMICOS

Os aglomerados de iões Zintl são normalmente gerados pelas reacções entre elementos alcalinos e alcalino-terrosos em amoníaco líquido anidro ou etilenodiamina. Possuem geometrias poliédricas como os boranos ou os aglomerados de carbonilo metálico e as suas previsões estruturais baseiam-se nas regras de Wade-Mingos. Assim, as suas categorizações envolvem termos como closo, nido, arachno, hypho e klado.

Estudos recentes baseados numa vasta gama de aglomerados indicam que todos os aglomerados do grupo principal e dos metais de transição podem ser facilmente classificados utilizando a fórmula da série 4N

S=4n+q (i)

em que S= o símbolo da série, n= número de elementos esqueléticos num agregado e q é uma variável numérica de categorização. O número de ligações esqueléticas K do agrupamento também é dado por

K= 2n-/ q (ii)

As equações (i) e (ii) aplicam-se tanto aos metais do grupo principal como aos metais de transição. As derivações destas importantes equações podem ser encontradas em alguns dos trabalhos publicados referenciados neste livro no final.

De acordo com a série, quando S=4n+2, um cluster é categorizado como sendo membro da família closo, 4n+4(família nido), 4n+6(família arachno), 4n+8(família hypho) e 4n+10(família klado).

OS ELECTRÕES DE VALÊNCIA DO AGREGADO

Podemos aplicar as equações dos electrões de valência do agregado para calcular os electrões de valência do agregado.

ELEMENTOS DO GRUPO PRINCIPAL

Podemos calcular os electrões de valência do cluster utilizando a equação S=4n+q, exceto que o símbolo S aplicado na categorização de um cluster é agora substituído por VE para dar VE=4n+q.

A DERIVAÇÃO DA EQUAÇÃO VE=8n-2K

A equação é obtida combinando as equações (i) e (ii) eliminando q.

Assim, multiplicando (ii) por2, obtém-se

2K=4n-q (iii) e substituindo S por VE em (i) obtemos

VE=4n+q (iv)

Adicionando (iii) e (iv), obtém-se,

2K+VE=8n (v) a partir do qual se obtém o eletrão de valência do agregado equação

VE=8n-2K; para os agregados de elementos do grupo principal.

METAIS DE TRANSIÇÃO

No caso dos metais de transição, temos de transformar a equação de VE=4n+q para

VE=14n+q (vi)

Além disso, se adicionarmos (iii) e (vi), obtemos,

2K+VE=18n (vii) Daqui obtemos

VE=18n-2K, para aglomerados de metais de transição.

O SIGNIFICADO DOS PARÂMETROS K E V DE UM ELEMENTO ESQUELÉTICO

O número esquelético, K, de um elemento é um parâmetro extremamente importante. É simplesmente o número de pares de electrões necessários para atingir uma configuração de 8 ou 18 electrões, consoante se trate de um elemento do grupo principal ou de um metal de transição, respetivamente.

Assim, K representa os pares de electrões enquanto V representa o número real de electrões. Por conseguinte, V=2K. Isto é mostrado na Tabela 1.

O DUPLO SIGNIFICADO DE K

Utilizemos a molécula de N2 como ilustração. O valor K do elemento esquelético N é 1,5. Isto significa que o elemento necessita de 1,5 pares de electrões, ou seja, 3 electrões, para atingir uma configuração de 8 electrões. Quando os dois átomos de azoto interagem para formar uma molécula diatómica de N2, esta adquire um valor K molecular de 3. Isto significa que adquire uma ligação tripla que une os dois elementos esqueléticos. Ao mesmo tempo, significa que lhe faltam 3 pares de electrões ou 6 electrões doados para que possa adquirir individualmente uma configuração de 8 electrões. Portanto, se pudermos doar 6 electrões adicionando 6[H] ou [6e-], então, em princípio, seremos capazes de dividir a ligação tripla do N2 e gerar dois fragmentos que, individualmente, obedecerão à regra do octeto. Isto é resumido a seguir.

N2 +6H > 2NH3

N2+6e >2N3

A DERIVAÇÃO DA SÉRIE, S=4n+q, DO PARÂMETRO K(n)

DECOMPOSIÇÃO DE UMA FÓRMULA DE CLUSTER NUM ÚNICO NÚMERO

PRINCÍPIO DE NEUTRALIZAÇÃO ENTRE ELEMENTOS ESQUELÉTICOS E LIGANDOS

Uma vez que os valores de K representam o desejo dos elementos esqueléticos de receberem doação de electrões, foram-lhes atribuídos VALORES POSITIVOS. Por outro lado, os ligandos doam electrões para neutralizar esse desejo, pelo que lhes foram atribuídos VALORES NEGATIVOS.

Assim, quando os ligandos interagem com os elementos esqueléticos, neutralizam alguns dos valores positivos e os restantes constituem o valor K do aglomerado. Por outras palavras, estas tornam-se as ligações que unem os elementos esqueléticos. Os números esqueléticos dos representantes do grupo principal e dos metais de transição são apresentados na Tabela 1, enquanto os dos ligandos selecionados são apresentados na Tabela 2.

Exemplos para ilustrar este conceito.

O PARÂMETRO K(n)

Ex-1. $F=Os_4H_2(CO)_{(12)}(AuL)_2$

K=4[5] +2[-0.5] +12[-1] +2[3.5-1] =12, n=6

K(n)=12(6)

12=6+6

K=2n+0

S=4n+0

VE=14n+0=14[6] +0=84

VF=4[8] +2+12[2] +2[11 +2] = 84

Os: K=5, V=10

A: K=3,5, V=7

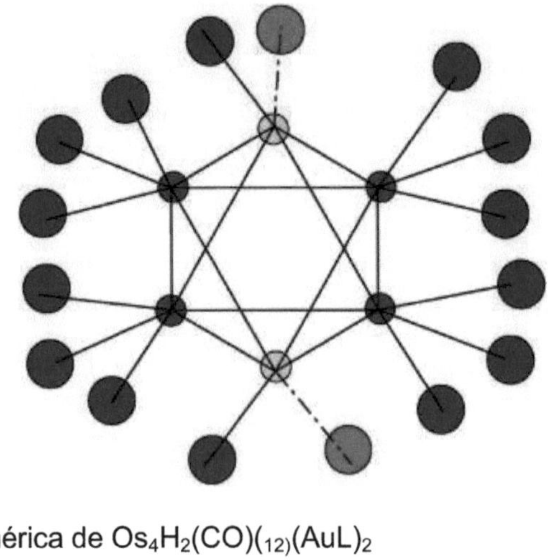

Estrutura isomérica de $Os_4H_2(CO)_{(12)}(AuL)_2$

Figura 1.

Ex-2. F=$Os_6(CO)_{(18)}$ K=6[5] +18[-1] =12, n=6 K(n)=12(6) 12=6+6

K=2n+0

K=2n+0

S=4n+0

VE=14n+0=14[6] +0=84

VF=6[8] +18[2] =84 Os: K=5, V=10

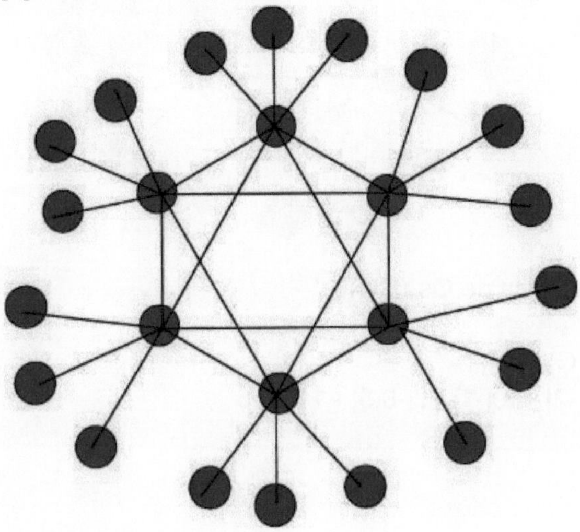

Estrutura isomérica do $Os_6(CO)_{18}$

Figura 2.

Ex-3. F=$Os_6(CO)_{18}^{2-}$

K=6[5] +18[-1] +2[-0.5] =11, n=6

K(n)=11(6)

11=6+5

K=2n-1

S=4n+2

VE=14n+2=14[6] +2=86

VF=6[8] +18[2] +2=86

Os: K5, V=10

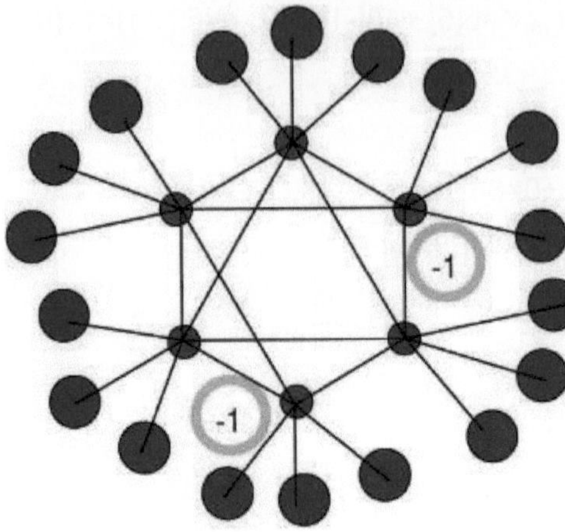

Estrutura isomérica de $Os_6(CO)_{18}^{2\prime}$

Figura 3.

Ex-4. F=$Re_6(C)(CO)_{19}^{2}$-

K=6[5.5] +1 [-2] +19[-1] +2[-0.5] =11, n=6

K(n)=11(6)

11=6+5

K=2n-1

S=4n+2

VE=14n+2=14[6] +2=86

VF=6[7] +4+19[2] +2=86

Re: K=5,5, V=11

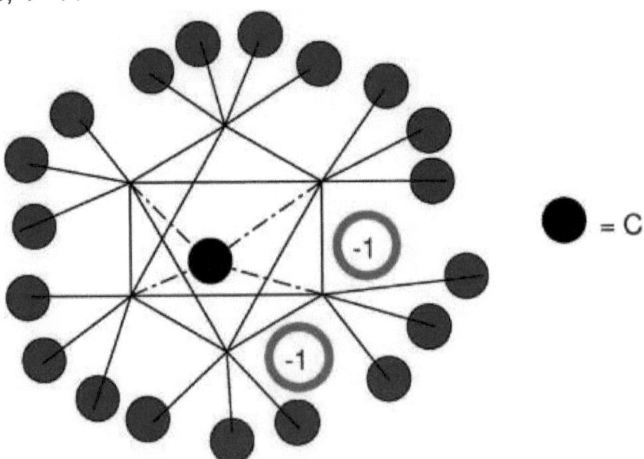

Estrutura isomérica de $Re_6(C)(CO)(_{19)}{}^{(2})$

Figura 4.

Ex-5. F=Rh $(C0)_{1R}$

K=6[4.5] +16[-1] =11, n=6

K(n)=11(6)

11=6+5

K=2n-1

S=4n+2

VE=14n+2=14[6] +2=86

VF=6[9] +16[2] =86

Rh: K=4,5, V=9

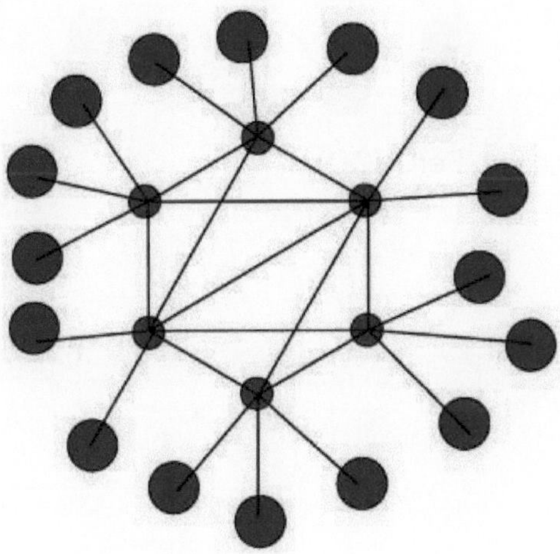

Estrutura isomérica do $Rh_6(CO)_{16}$

Figura 5.

Ex-6. F=$Fe_6(C)(CO)_{16}^{2'}$

K=6[5] +1 [-2] +16[-1] +2[-0.5] =11, n=6

K(n)=11(6)

11=6+5

K=2n-1

S=4n+2

VE=14n+2=14[6] +2=86

VF=6[8] +4+16[2] +2=86

Fe: K=5, V=10

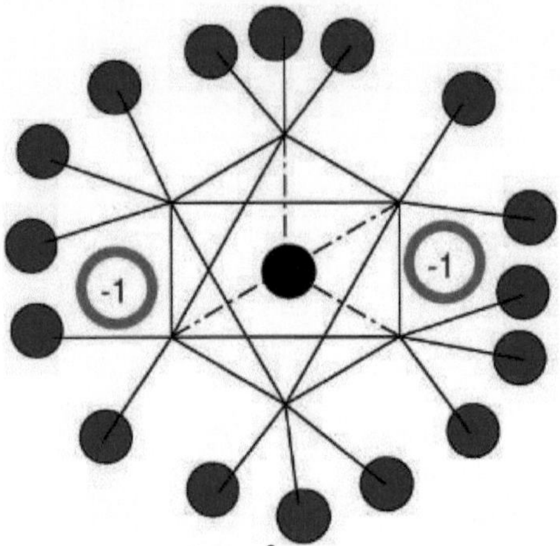

Estrutura isomérica do $Fe(C)(CO)_{16}^{2-}$
Figura 6.

Ex-7. $F=Rh_5Pt(CO)_{15}$-1

K=5[4.5] +1[4] +15[-1] +1[-0.5] =11. n=6

K(n)=11(6)

11=6+5

K=2n-1

S=4n+2

VE=14n+2=14[6] +2=86

VF=5[9] +10+15[2] +1=86

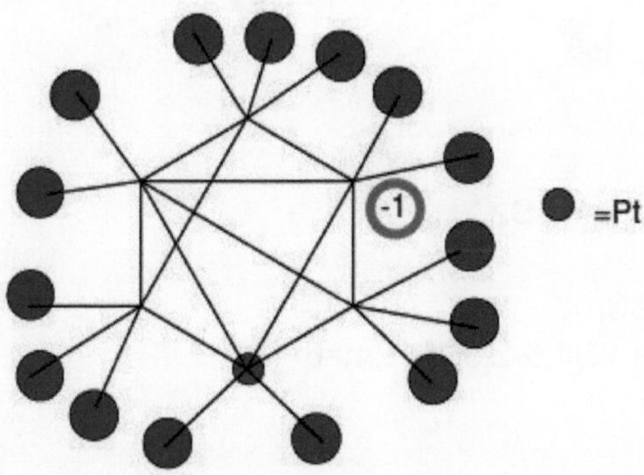

Estrutura isomérica de $Rh_5Pt(CO)_{15}^{-1}$

Figura 7.

Ex-8. $F=B_4C_2H_6$

K=4[2,5] +2[2] +6[-0,5] =11, n=6

K(n)=11(6)

11=6+5

K=2n-1

S=4n+2

VE=4n+2=4 [6] +2=26

VF=4[3] +2[4] +6=26

VF=4[3

B: K=2,5, V=5

C: K=2, V=4

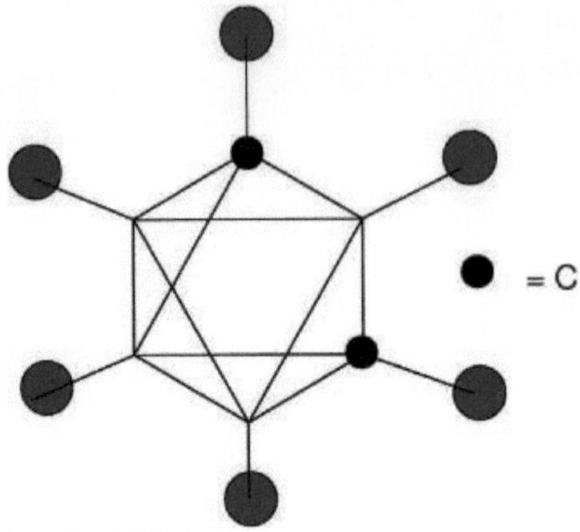

Estrutura isomérica de $B_4C_2H_6$

Figura 8.

Ex-9. F=$B_3H_5(CoCp)_3$

K=3[2,5] +5[-0,5] +3[4,5-2,5] =11, n=6

K(n)=11(6)

11=6+5

K=2n-1

S=4n+2, n=6, m=3

VE=4n+2+10m=4 [6] +2+10[3] =26+30=56

VF=3[3] +5+3[9+5] =9+5+42=56

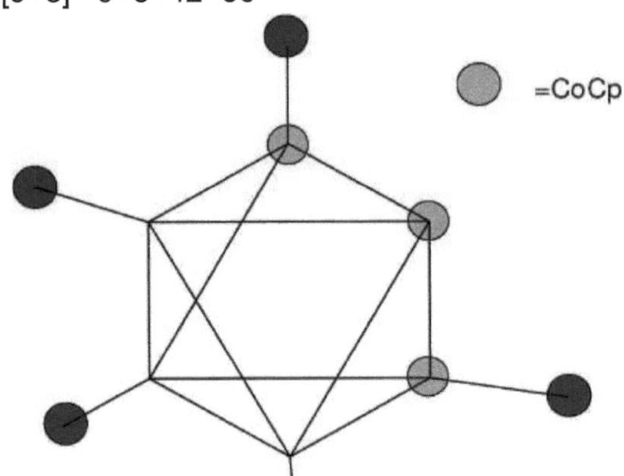

Estrutura isomérica de $B_3H_5(CoCp)_3$

Figura 9.

Ex-10. F=$B_4H_6(CoCp)_2$

K=4[2,5] +6[-0,5] +2[4,5-2,5] =11, n=6

K(n)=11(6)

11=6+5

K=2n-1

S=4n+2, n=6. m=2

VE=4n+2+10m=4[6] +2+10[2] =46

VF=4[3] +6+2[9+5] =46

B: K=2,5, V=5

CoCp: K=4.5-2.5=2, V=4

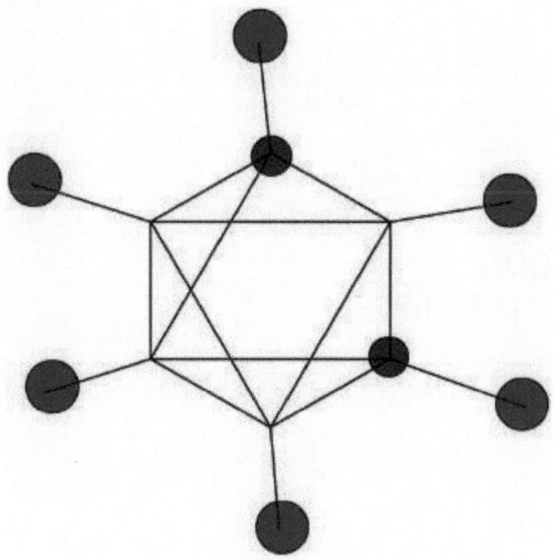

Estrutura isomérica do $B_4H_6(CoCp)_2$

Figura 10.

Ex-11. F=$C_?B$ "H_sFe $(C0)_3$

K=2[2] +3[2.5] +5l-0.5] + 1 [5-3] =11, n=6

K(n)=11(6)

11=6+5

K=2n-1

S=4n+2, η=6, m=1

VE=4n+2+10m=4[6] +2+10[1] =36

VF=8+9+5+8+6=36

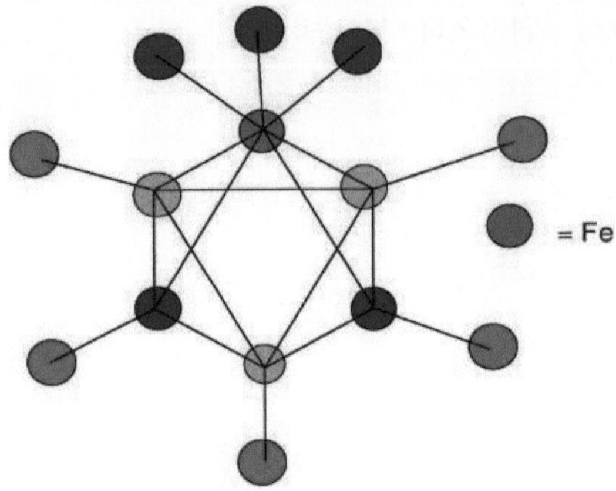

Estrutura isomérica do $C_2B_3H_5Fe(CO)_3$

Figura 11.

Ex-12. F=$Ru_6(C)(CO)_{17}$

K=6[5] +1[-2]+17[-1] =11, n=6

K(n)=11(6)

K(n)=11(6)

11=6+5

K=2n-1

S=4n+2

VE=14n+2=14[6] +2=86

VF=6[8] +4 +34=86

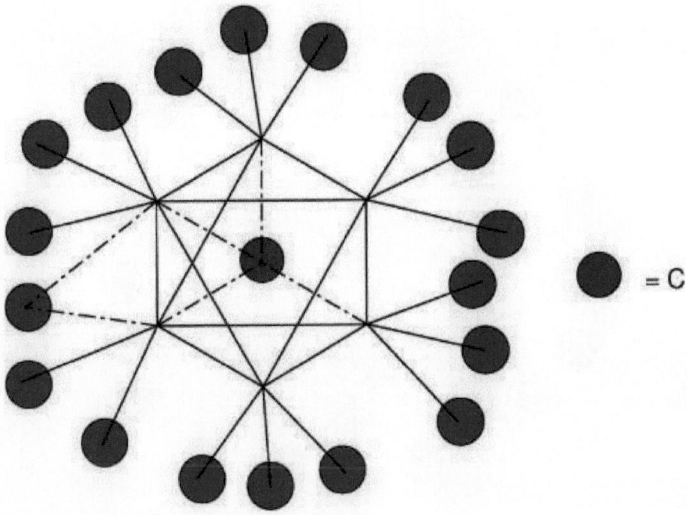

Estrutura isomérica do $Ru_6(C)(CO)_{17}$

Figura 12.

Ex-13. $F=SRu_{[.}(CO)_{1d}{}^{(2)})$-

K=1 [1] +2[5] +3[5] +14[-1] +2[-0.5] =11, n=6

K(n)=11(6)

K(n)=11(6)

11=6+5

K=2n-1

S=4n+2

VE=4n+2+10m, m=5

VE=4[6]+2+10[5]=26+50=76

VF=6+40+28+2=76

S: K=1, V=2

Ru: K=5, V=10

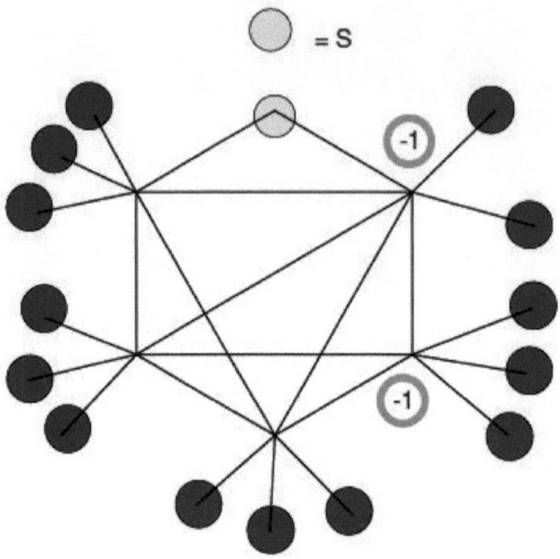

Estrutura isomérica de $SRu_5(CO)_{14}^{2-}$
Figura 13.

Ex-14. $F=CB.H_7$

K=1[2] +5[2.5] +7[-0.5] =11, n=6

K(n)=11(6)

11=6+5

K=2n-1

S=4n+2

VE=4n+2=4 [6] +2=26

VF=4+15+7=26

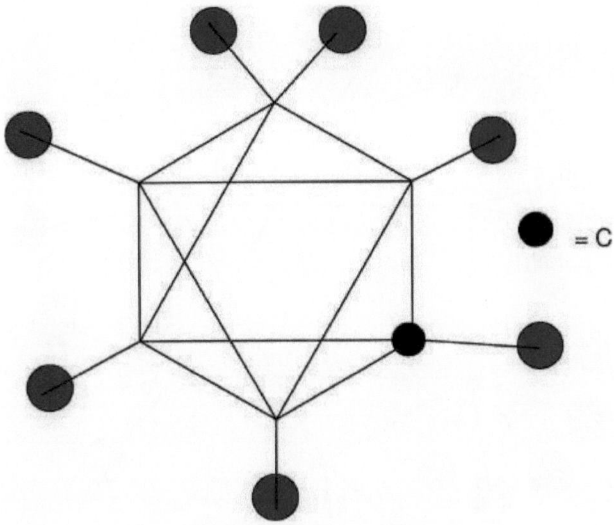

Estrutura isomérica do CB_5H_7

Figura 14.

Ex-15. F=ReH(CO)^2

K=6[5.5] +8[-0.5] +18[-0.5] +2[-0.5] =10, n=6

K(n)=10(6)

10=6+4

K=2n-2

S=4n+4

VE=14n+4=14[6] +4=88

VF=42+8+36+2=88

Re: K=5,5, V=11

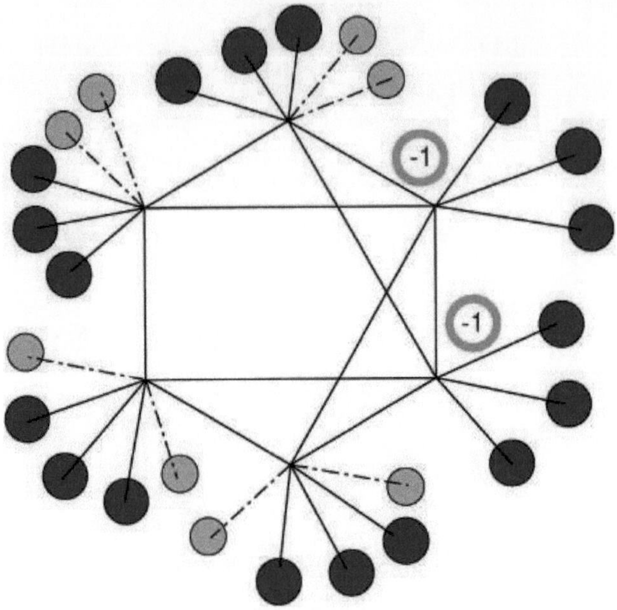

Estrutura isomérica de $Re6H_8(CO)_{18}{}^{(2)}$-
Figura 15.

Ex-16. $F=B_6H_{10}$

K=6[2,5] +10[-0,5] =10, n=6

K(n)=10(6)

10=6+4

K=2n-2

S=4n+4

VE=4n+4=4[6] +4=28

VF=18+10=28

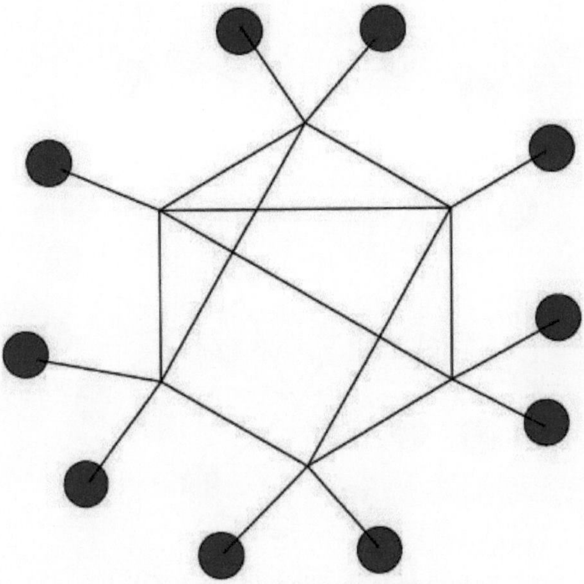

Estrutura isomérica do B_6H_{10}
Figura 16.

Ex-17. $F=Os_6(CO)_{17}L_4$

$K=6[5]+17[-1]+4[-1]=9$, $n=6$

$K(n)=9(6)$

$9=6+3$

$K=2n-3$

$S=4n+6$

$VE=14n+6=14[6]+6=90$

$VF=48+34+8=90$

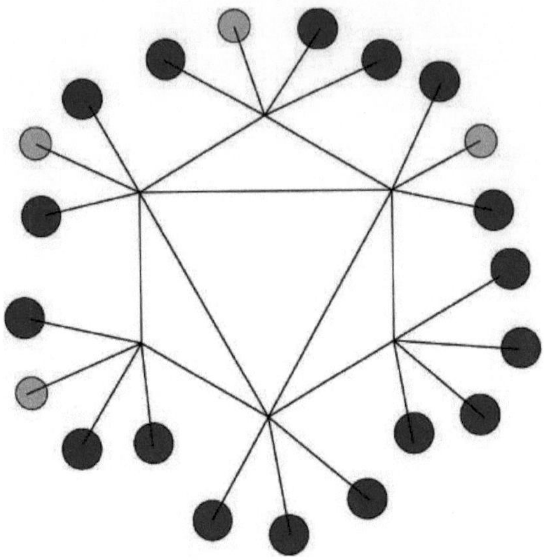

Estrutura isomérica de $Os_6(CO)_{17}I\_{}_4$

Figura 17.

Ex-18. $F=C_6H_6$

K=6[2] +6[-0,5] =9, n=6

K(n)=9(6)

9=6+3

K=2n-3

S=4n+6

VE=4n+6=4[6] +6=30

VF=24+6=30

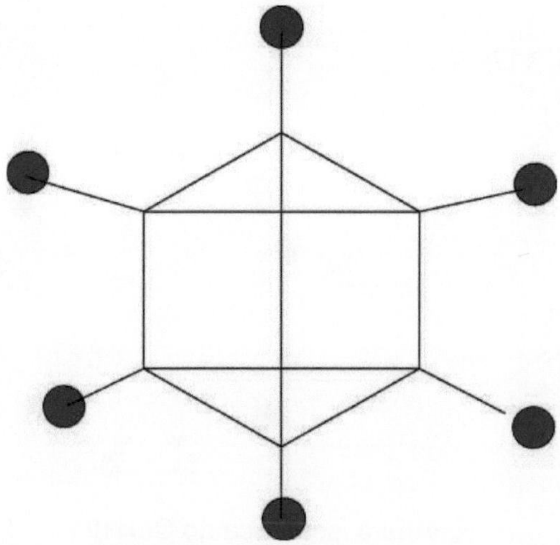

Estrutura osmérica do C_6H_6

Figura 18 (a).

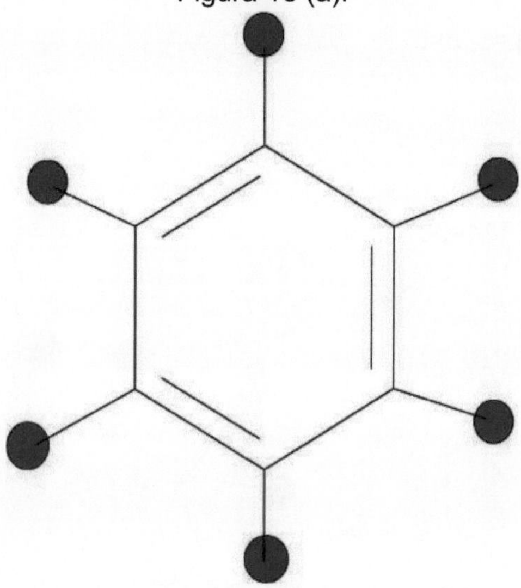

Estrutura isomérica do C_6H_6

Figure 18. (b)

Ex-19. $F=C_6H_{12}$

K=6[2] +12[-0,5] =6, n=6

K(n)=6(6)

K=6+0

K=2n-6

S=4n+12
VE=4n+12=4[6] +12=36
VF=24+12=36

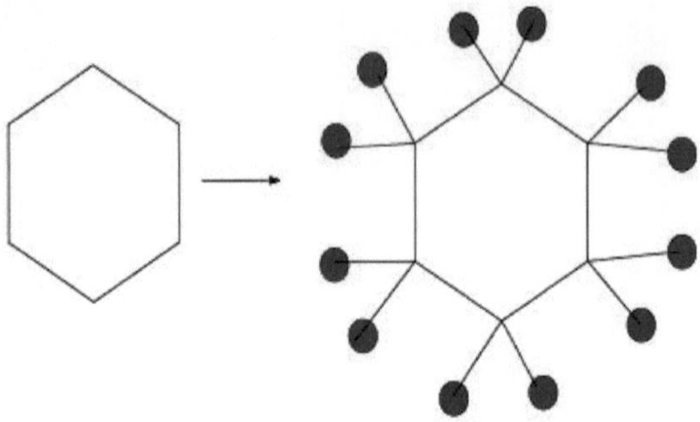

Estrutura isomérica do C6H12
Figura 19.

Ex-20. $F=C_KH_1$.
K=6[2] +14[-0,5] =5, n=6
K(n)=5(6)
5=6-1
K=2n-7
S=4n+14
VE=4n+14=4[6] +14=38
VF=24+14=38

6-1

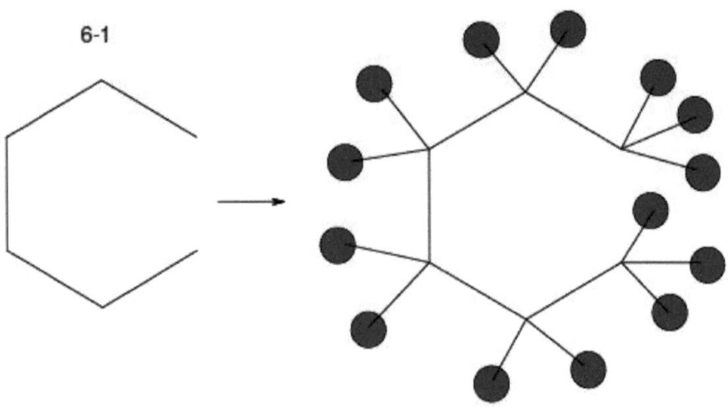

Estrutura isomérica do C_6H_{14}
Figura 20.

N6 CLUSTERS

Os grupos N6 foram selecionados para ilustrar o facto de o parâmetro K(n) ser extremamente útil na identificação de grupos com parâmetros K(n) idênticos. Estes grupos, se forem constituídos por elementos de transição ou elementos do grupo principal, terão os mesmos electrões de valência e formas geométricas semelhantes. Os grupos selecionados de índice de nuclearidade x=6, têm o parâmetro K(n)=11(6). Este parâmetro tem electrões de valência caraterísticos do agregado, VE=86 para os metais de transição e VE=26 para os elementos do grupo principal. Se o cluster tiver uma mistura de metais do grupo principal e de transição, a equação para calcular os electrões de valência do cluster é ajustada em conformidade. Os 21 exemplos fornecidos indicam que o K(n) tem um intervalo de 12 a 5. Quando K(n) se torna 5(6), ou seja, K=n-1, o anel N6 desfaz-se. Alguns poucos aglomerados N6 foram encontrados para ter um parâmetro K(n) grande. Estes incluem $F{=}Au6L6^{2+}$ e $F{=}Rh6H12L6^{2+}$ com K(n)=16(6).

Ex-21. F= $Au6L6^{2+}$

K=6[3,5] +6[-1] +2[0,5] =16, n=6

K(n)=16(6)

16=6+10

K=2n+4

S=4n-8

VE=14n-8=14[6]-8=76

$K^*=C^5+D^1$

y=5, z=1

VE=12y+14z+2=12[5] +14[1] +2=76

VE=18n-2K=18[6]-2[16] =76

VF=6[11] +6[2]-2=76

Au: K=3,5, V=7

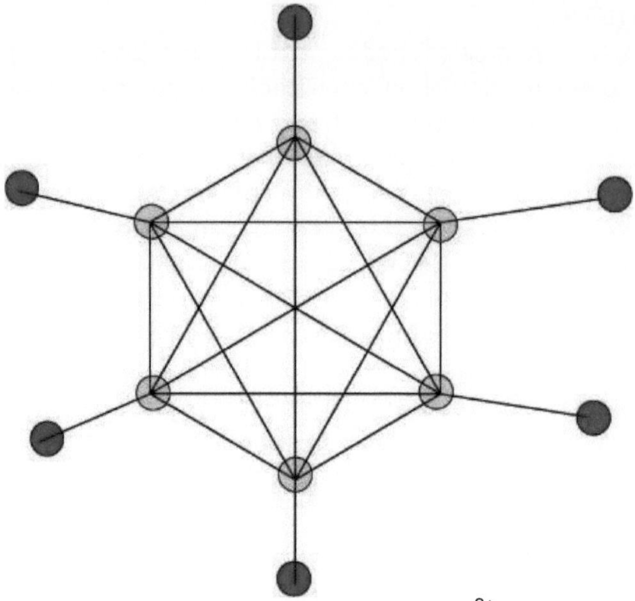

Estrutura isomérica de $Au_6L_6^{2+}$

Figura 21.

De acordo com a abordagem 4Nseries, as ligações esqueléticas a cada ponto nodal comportam-se como um "dador único de electrões". Como o [Au] já tem 11 electrões, as ligações doam um total de 5 electrões, perfazendo um total de 11+5=16 electrões. Assim, para que o ponto nodal atinja a configuração de 18 electrões, necessitará apenas de 2 electrões que serão fornecidos por um dador de dois electrões. Assim, o [Au] tem uma valência esquelética de 7, o que satisfaz o requisito da regra dos 18 electrões para cada ponto nodal deste aglomerado.

$F=Rh_6H_{12}L_6^{2+}$

$K=6[4.5] +12[-0.5] +6[-1] +2[0.5] =16, n=6$

$K(n)=16(6)$

$16=6+10$

$K=2n+4$

$S=4n-8$

$VE=14n-8=14[6]-8=76$

$K^*=C^5+D^1$

$y=5, z=1$

$VE=12y+14z+2=12[5] +14[1] +2=76$

$VE=18n-2K=18[6]-2[16] =76$

$VF=6[9] +12+12-2=76$

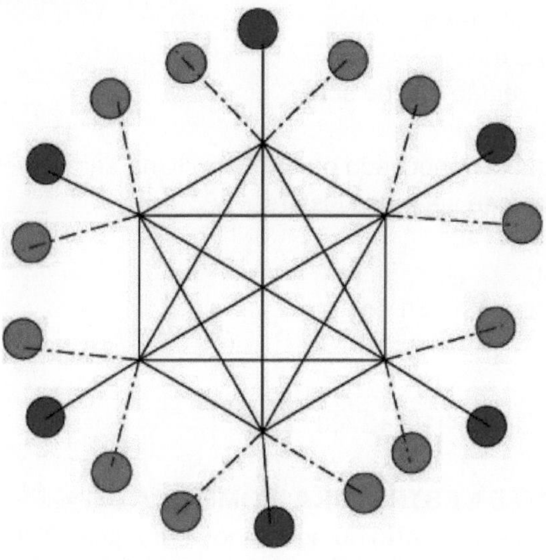

Estrutura isomérica de $Rh_6H_{12}L_6^{2+}$

Figura 22.

O elemento esquelético do ródio tem K=4,5 e V=9. Na estrutura isomérica, existem 5 ligações a cada ponto nodal, o que implica 5 electrões doados ao ponto nodal que já tem 9 electrões de valência. O total de electrões presentes será de 9+5= 14. Isto significa que o ponto nodal necessitará de 4 electrões adicionais para atingir a configuração 18-eletrão. Estes 4 electrões serão fornecidos por um ligando doador de 2 electrões e pelos 2 ligandos de hidrogénio, que contribuirão com mais 2 electrões, perfazendo 4. Assim, cada ponto nodal do aglomerado de ródio obedece à regra dos 18 electrões.

INTERCONVERSÃO DE CLUSTERS

Os aglomerados podem ser facilmente interconvertidos de um tipo para outro. Isto é feito utilizando a rota da série S=4n+q. Isto é ilustrado pelos seguintes exemplos de Zintl 1 -3. Além disso, é demonstrado o conceito de uma das formas de construção de formas geométricas.

TRANSFORMAÇÃO DO AGLOMERADO DE ZINTL NUM ANÁLOGO DE BORANO OU NUM AGLOMERADO EQUIVALENTE

Ex-1. $F=Pb_9^{4-}$

K=9[2] +4[-0,5] =16, n=9

K(n)=16(9)

16=9+7

K=2n-2

Sabemos que K=2n- / q

Logo, -2= - / q e q=4

Como S=4n+q, então a série será

S=4n+4(família nido)

Isto significa que, conhecendo o parâmetro K(n), será possível determinar o tipo de série de clusters.

VE=4n+4=4[9] +4=40

VF=9[4] +4=40

VE=8n-2K=8[9]-2[16] =40

$K^*=C^{-1}+D^{10}$

y=-1, z=10

VE=2y+4z+2=2[-1] +4[10] +2=40

CONSTRUÇÃO DA ESTRUTURA ISOMÉRICA DO Pb_9^{4-}

Utilizemos o parâmetro K(n) do agregado como guia. O cluster tem um valor K(n) de 16(9). Este valor pode ser dividido em dois componentes 9+7, ou seja, K=16=9+7

Isto significa que podemos ser capazes de construir uma estrutura isomérica começando com uma figura de 9 lados e inserindo 7 linhas que formam triângulos na figura.

Este facto é ilustrado no esquema abaixo.

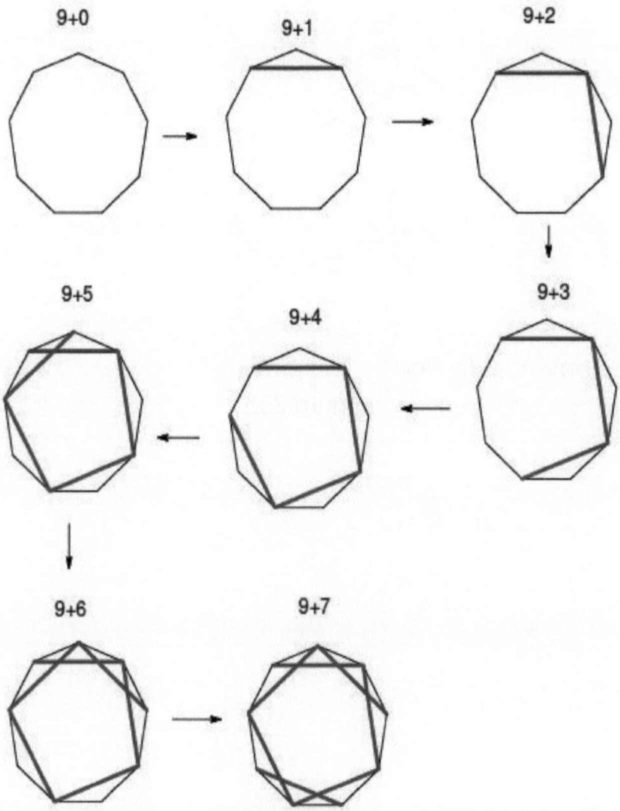

Scheme 1.

ATRIBUIÇÃO DE CARGAS AOS PONTOS NODAIS DA ESTRUTURA ISOMÉRICA

A estrutura isomérica tem 5 pontos nodais, cada um com 4 ligações, cada uma das quais se comporta como um único dador de electrões. Uma vez que cada ponto nodal tem 4 electrões de valência, a doação das 4 ligações faz com que o nodal atinja uma configuração de 8 electrões. Existem também 4 pontos nodais, cada um com 3 ligações. Isto significa que o ponto nodal terá 4+3=7 electrões. Para que o ponto nodal atinja uma configuração de 8 electrões, terá de receber um eletrão extra sob a forma de uma carga NEGATIVA. Assim, obteremos uma estrutura isomérica com 4 cargas negativas.

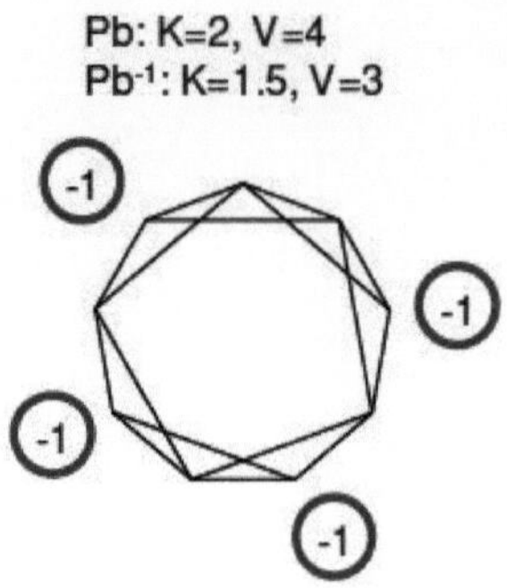

Estrutura isomérica do Pb_9^{4-}

Figura 23.

CAPÍTULO 2

TRANSFORMAÇÃO DO AGLOMERADO DE ZINTL NUM ANÁLOGO DE BORANO

Para tal, basta utilizar a fórmula da série S=4n+4 obtida a partir do cluster de Zintl. A BASE do agrupamento é [4]. Isto resulta da fórmula S=4n+4. Representa o conteúdo de electrões de valência da série do cluster. Como estamos à procura de boranos, o fragmento de borano cujo teor de electrões de valência é [BH]. De acordo com a série 4N, estamos à procura de um cluster de borano cujo conteúdo é um múltiplo de [BH] 9 vezes e 4 electrões extra. Assim, este análogo de cluster pode ser formulado como FB=[BH][9] + 4H=B9H9+4H=B9H13. Trata-se de um derivado da série S=4n+4 e, por conseguinte, de um análogo do Pb_9^{4-}. O análogo do borano terá o mesmo parâmetro K(n) de 16(9) e a sua estrutura isomérica é apresentada na Figura 24.

B: K=2,5, V=5

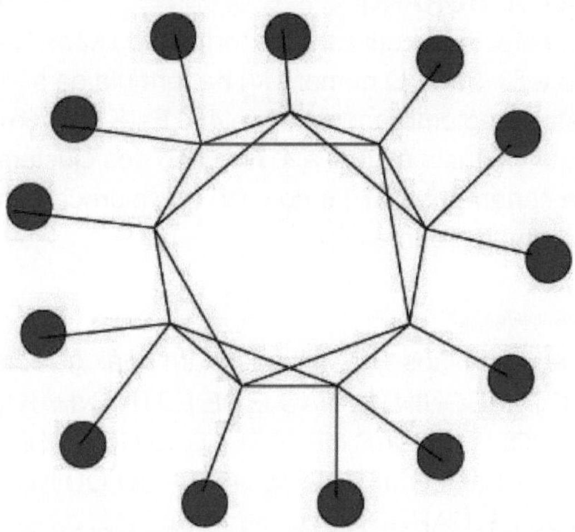

Estrutura isomérica do B_9H_{13}

Figura 24.

Ex-2. F=Pb_9^{2}-

K=9[2] +2[-0,5] =17, n=9

K(n)=17(9)

17=9+8

K=2n-1

Sabemos que K=2n-1/2 q.

Logo, -1/2 q= -1 e q=2.

Este aglomerado pertence à série S=4n+2 (família closo).

VE=4n+2=4[9] +2=38
VF=9[4] +2=38
VE=8n-2K=8[9]-2[17] =38

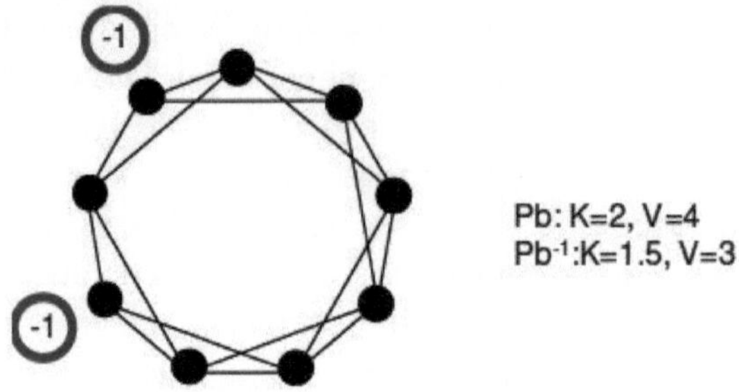

Estrutura isomérica do Pb_9^{2-}

Figura 25.

TRANSFORMAÇÃO DO AGLOMERADO DE ZINTL NUM AGLOMERADO DE BORANO

Isto é facilmente efectuado utilizando a fórmula da série S=4n+q. Neste caso, a fórmula é S=4n+2. O número [4] na fórmula da série representa a espinha dorsal do aglomerado da série 4N. Este será um fragmento cujo conteúdo de valência é igual a 4. No caso dos clusters de borano, o fragmento será certamente [BH] e no caso dos hidrocarbonetos, o fragmento será simplesmente [C].

S=4n+2, n=9

FB= [BH](9)+2H=B9H11= $B9H9^{2-}$

Esta transformação diz-nos que F=$Pb9^{2-}$ tem um análogo correspondente FB=$B9H9^{2-}$. POR CONSEGUINTE, NÃO É DE ESTRANHAR QUE AS ESTRUTURAS POLIÉDRICAS OBSERVADAS NOS BORANOS SE ENCONTREM NOS AGLOMERADOS DE ZINCO OU NOS AGLOMERADOS DE CARBONILO.

A estrutura isomérica do $B9H9^{2-}$ é apresentada na Fig.

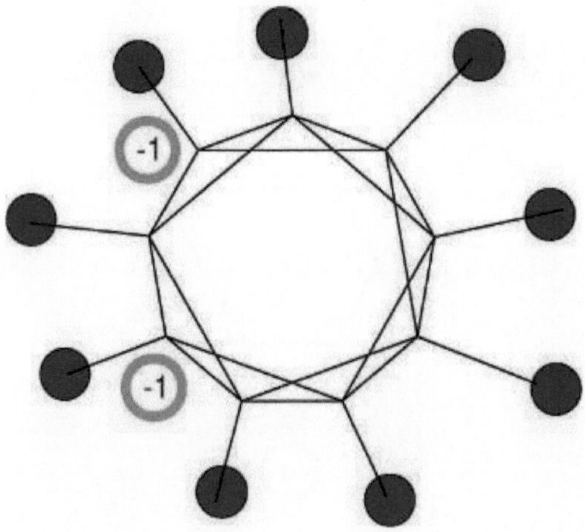

Estrutura isomérica do $B_9H_9^{2-}$
Figura 26.
Ex-3. $F=Tl_6^{8-}$
K=6[2,5] +8[-0,5] =11, n=6
K(n)=11(6)
11=6+5
K=2n-1
S=4n+2(família próxima)
VE=4n+2=4[6] +2 =26
VF=6[3] +8 =26
VE=8n-2K=8[6]-2 [11] =26

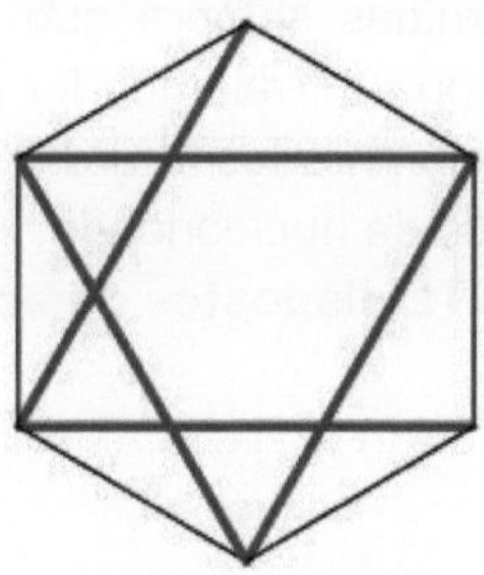

Tl: K=2.5, V=5
Tl^{-1}:K=2, V=4
Tl^{-2}:K=1.5, V=3

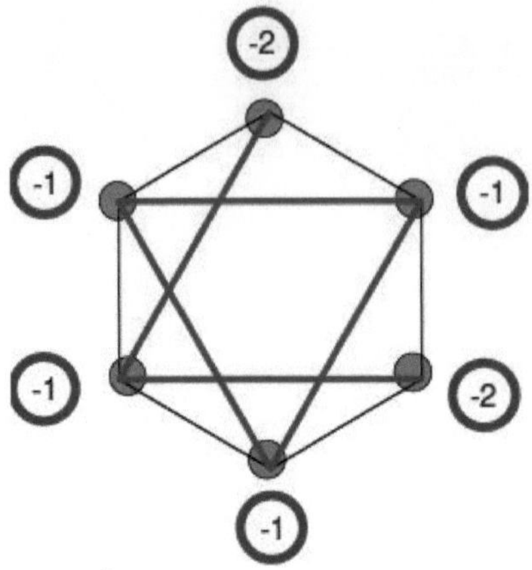

Estrutura isomérica do Tl_6^{8-}

Figura 27.

TRANSFORMAÇÃO DO AGLOMERADO DE ZINTL NO SEU ANÁLOGO DE BORANO.

É seguida a mesma abordagem que foi efectuada para o Pb_9^{2-} acima.

S=4n+2, n=6

F_B=[BH](6)+2H=B_6H_8=$B_6H_6^{2-}$

O PARÂMETRO K(n) E OS GRUPOS DE IÕES ZINTL

Foram calculados os parâmetros K(n) de uma vasta gama de mais de 100 aglomerados maioritariamente de iões Zintl (cerca de 70) de $N_{x=2}$ a $N_{x=48}$ e os correspondentes aglomerados foram classificados. Neste livro, a ênfase é colocada nos aglomerados de iões Zintl, enquanto os outros são para fins comparativos. As suas estruturas isoméricas de muitos aglomerados foram construídas sempre que possível. Além disso, os seus análogos de borano ou equivalentes foram derivados sempre que possível. Além disso, os aglomerados foram organizados de acordo com a ordem crescente do índice de nuclearidade, x de N_x.

Aglomerados de iões ZINTL dispostos de acordo com o índice de nuclearidade, N_x

SÉRIE N_2

N_2I.H=C_2H_4

K=2[2] +4[-0,5] =2, n=2

K(n)=2(2)

2=2+0

K=2n-2

S=4n+4

VE=4n+4=4[2] +4=12

VH=2[4] +4=12

VE=8n-2K=8[2]-2[2] =12

$K^*=C^{'1}+D^3$

y=-1, z=3

VE=2y+4z+2=2[-1] +4[3] +2=12

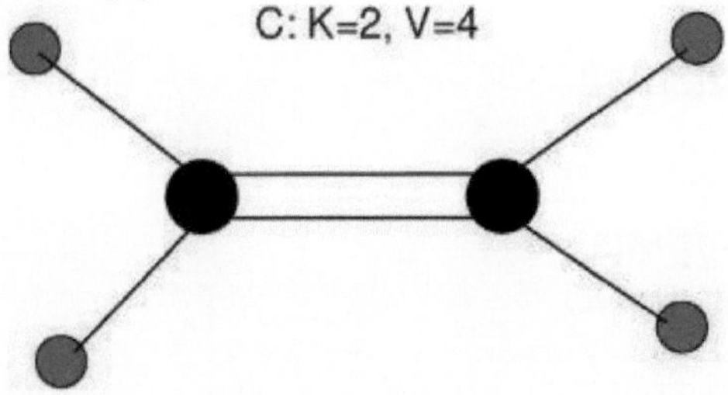

Estrutura do C_2H_4

Figura 28.

S=4n+4

n=2

$B=[BH](_2)H_4=B_2H_6$

Assim, de acordo com a série, C_2H_4 - B_2H_6.

N22. $F=O_2$

K=2 [1] =2, n=2

K(n)=2(2)

2=2+0

K=2n-2

S=4n+4

VE=4n+4=4[2] +4=12

VF=2[6] =12

VE=8n-2K=8[2]-2[2] =12

$K^*=C^{-1}$+D3

y=-1, z=3

VE=2y+4z+2=2[-1] +4[3] +2=12

O: K=1, V=2

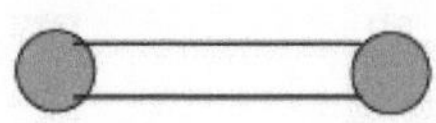

Estrutura do O3

Figura 29.

N23. $F=Bi_2^{2}$-

K=2[1.5] +2[-0.5] =2, η=2

$K(\eta)=2(2)$

$2=2+0$

$K=2\eta-2$

$S=4n+4$

$VE=4n+4=4[2]+4=12$

$VF=2[5]+2=12$

$VE=8n-2K=8[2]-2[2]=12$

$K^*=C'^{1}+D^3$

$y=-1,\ z=3$

$VE=2y+4z+2=2[-1]+4[3]+2=12$

ANÁLOGO DE BORANO

$S=4n+4,\ n=2$

$F_B=[BH](2)+4H=B_2H_6$

Bi: K=1,5, V=3

Bi^{-1}:K=1, V=2

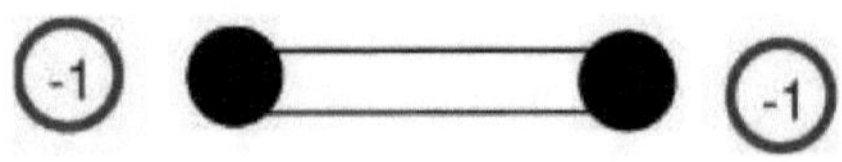

Estrutura isomérica do $Bi_2^{2'}$

Figura 30.

Nh. $F=B_2H_6$

$K=2[2.5]+6[-0.5]=2,\ n=2$

$K(n)=2(2)$

$2=2+O$

$K=2n-2$

$S=4n+4$

$VE=4n+4=4[2]+4=12$

$VF=2[3]+6=12$

$VE=8n-2K=8[2]-2[2]=12$

$K^*=C^{-1}+D^3$

$y=-1,\ z=3$

$VE=2y+4z+2=2[-1]+4[3]+2=12$

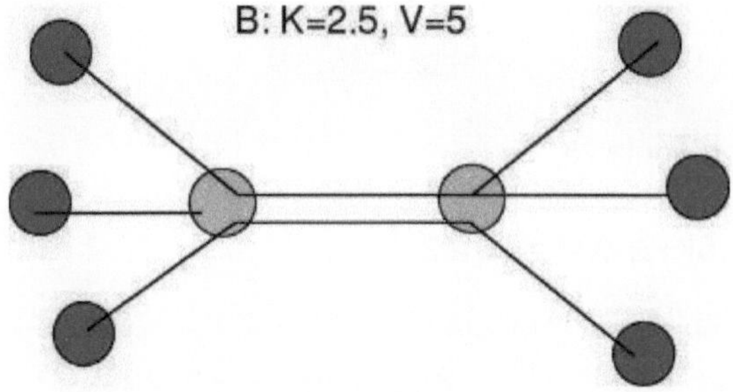

Estrutura isomérica do B_2H_6

Figura 31.

Podemos assumir que esta forma se reorganiza para formar o que é observado como uma estrutura em ponte.

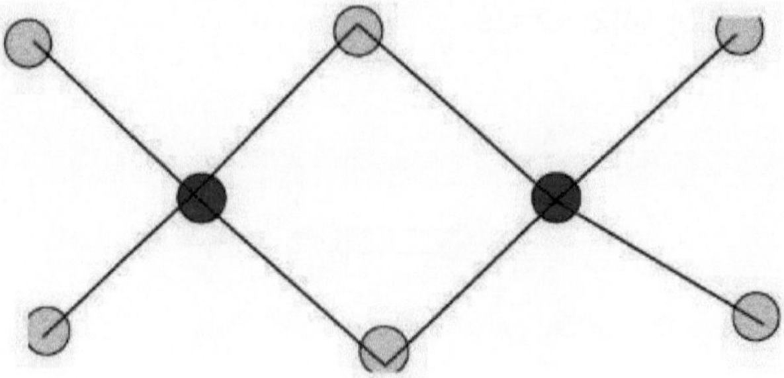

Rearranjado B_2H_6

Figura 32.

N_{25}. $F=N_2$

$K=2[1.5]=3, n=2$

$K(n)=3(2)$

$3=2+1$

$K=2n-1$

$S=4n+2$

$VE=4n+2=4[2]+2=10$

$VF=2[5]=10$

$VE=8n-2K=8[2]-2[3]=10$

$K^*=C^\circ+D^2$

$y=0,z=2$

$VE=2y+4z+2=2[0]+4[2]+2=10$

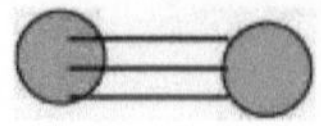

Estrutura da molécula N_2

N_{26}. $F=B_2H_2^{(2})-$

K=2[2.5] +2[-0.5] +2[-0.5] =3, n=2

K(n)=3(2)

3=2+1

K=2n-1

S=4n+2(família próxima)

VE=4n+2=4[2] +2=10

VF=2[3] +2+2=10

VE=8n-2K=8[2]-2[3] =10

$K^*=C^\circ+D^2$

y=0, z=2

VE=2y+4z+2=2[0] +4[2] +2=10

B: K=2,5, V=5

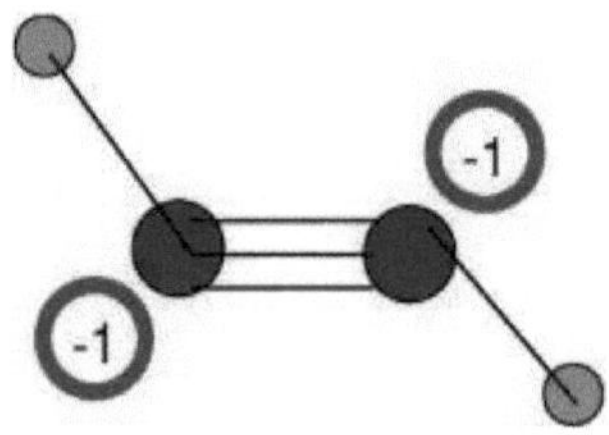

S=4n+2, n=2

$H=C_2H_2$

VH=2[4] +2=10

$B=[BH]\ (2) +2H=B_2H_{(4)}\Xi\ C_2H_2E\ B_2H_2^{2}$

SÉRIE N_3

N_{31}. $F=Bi_3^{3-}$

K=3[1.5] +3[-0.5] =3, n=3

K(n)=3(3)

3=3+0

K=2n-3

S=4n+6

VE=4n+6=4[3] +6=18

VF=3[5] +3=18

VE=8n-2K=8[3]-2[3] =18

$K^*=C^{-2}+D^5$

y=-2, z=5

VE=2y+4z+2=2[-2] +4[5] +2=18

S=4n+6

FH=C3H6

VH=3[4] +6=18

ANÁLOGO DE BORANO

FB=[BH](3)H6=B3H9

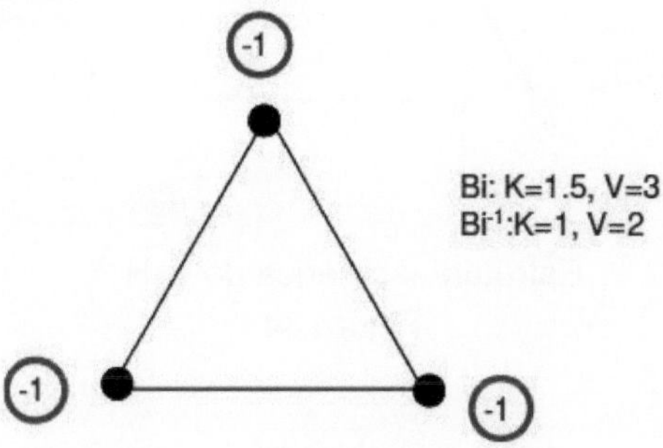

Estrutura isomérica do Bi_3^{3-}

Figura 33.

N32. $F=B_3H_3^{2-}$

K=3[2,5] +3[-0,5] +2 [-0,5] =5, n=3

K(n)=5(3)

5=3+2

K=2n-1

S=4n+2

VE=4n+2=4 [3] +2=14

VF= 3[3] +3+2=14

VE=8n-2K=8[3]-2 [5] =14

$K^*=C^0+D^3$

y=0,z=3

VE=2y+4z+2=2[0] +4 [3] +2=14

S=4n+2

H=C3H2

VH=3[4] +2=14

B=[BH](3)H2 = B3H5 Ξ $B3H3^{2-}$ Ξ C3H2

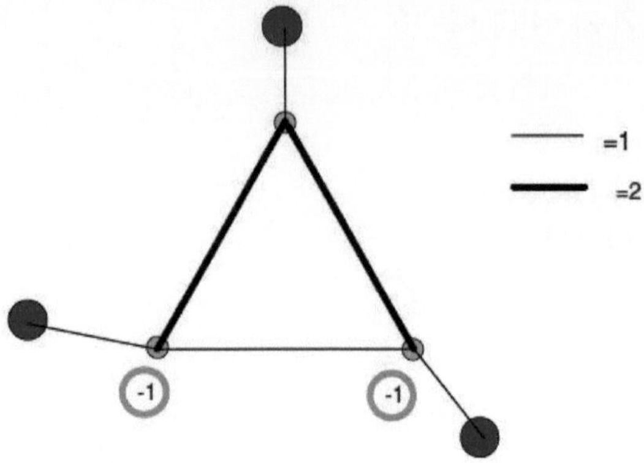

Estrutura isomérica do $B_3H_3^{2-}$
Figura 34.

SÉRIE Ид

N41. $F=Si_4^{8-}$

K=4[2] +8[-0,5] =4, n=4

K(n)=4(4)

4=4+0

K=2n-4

S=4n+8

VE=4n+8=4 [4] +8=24

VF=4[4] +8 =24

VE=8n-2K=8[4]-2 [4] =24

$K^*=C^{-3}+D^7$

y=-3, z=7

VE=2y+4z+2=2[-3] +4 [7] +2=24

Si:K=2, V=4 Si^{-1}:K=1.5, V=3 Si^{-2}:K=1, V=2

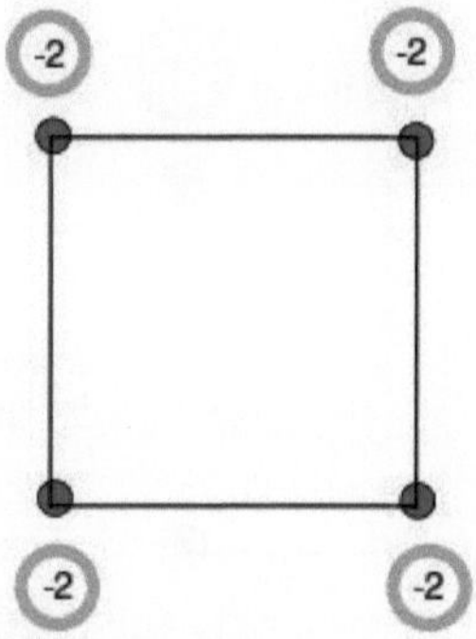

Estrutura isomérica do Si_4^{8-}

Figura 35.

ANÁLOGO DE BORANO

S=4n+8

F^B=[BH](4)+8H= B4H12

N42. F=BI_4^{4-}

K=4[1.5] +4[-O.5] =4, n=4

K(n)=4(4)

4=4+0

K=2n-4

S=4n+8

VE=4n+8=4[4] +8=24

VF=4[5] +4=24

VE=8n-2K=8[4]-2[4] =24

K*=C^{-3}+D^7

y=-3, z=7

VE=2y+4z+2=2[-3] +4[7] +2=24

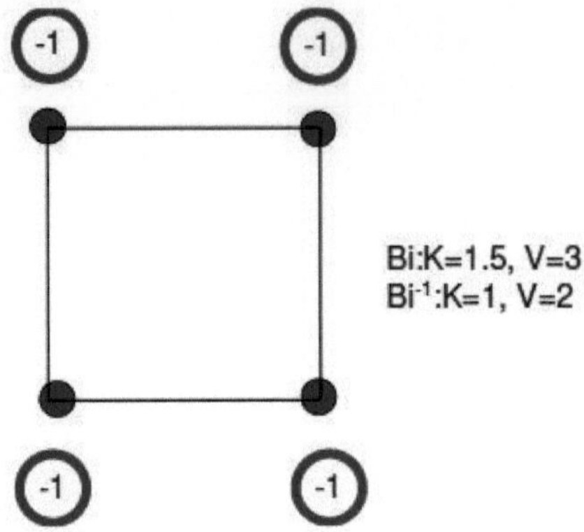

Isomeric structure of Bi_4^{4-}

Figura 36.

N_{43}. $F=Bi_4^{2-}$

K=4[1,5] +2 [-0,5] =5, η=4

K(η)=5(4)

5=4+1

K=2η-3

S=4n+6

VE=4n+6= 4[4] +6=22

VF=4 [5] +2=22

VE=8n-2K=8[4]-2 [5] =22

$K^*=C'^2+D^6$

y=-2, z=4

VE=2y+4z+2=2[-2] +4 [6] +2=22

S=4n+6

n=4

$B=[BH](_4)H_6=B_4H_{10}HC_4H_6$

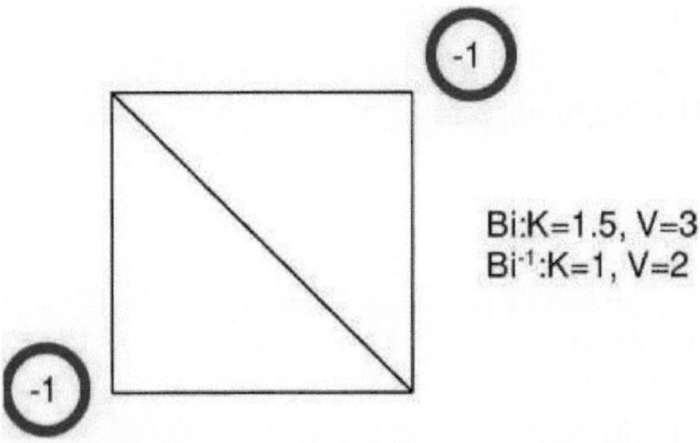

Estrutura isomérica de $Bi_4^{2'}$
Figura 37.
N_{44}. F=Te_4^{2+}
K=4[1] +2[0,5] =5, n=4
K(n)=5(4)
5=4+1
K=2n-3
S=4n+6
VE=4n+6= 4[4] +6=22
VF=4 [5] +2=22
VE=8n-2K=8[4]-2 [5] =22
$K^*=C'^2+D^6$
y=-2, z=4
VE=2y+4z+2=2[-2] +4 [6] +2=22
Te:K=1
Te^{+1}:K=1,5, V=3

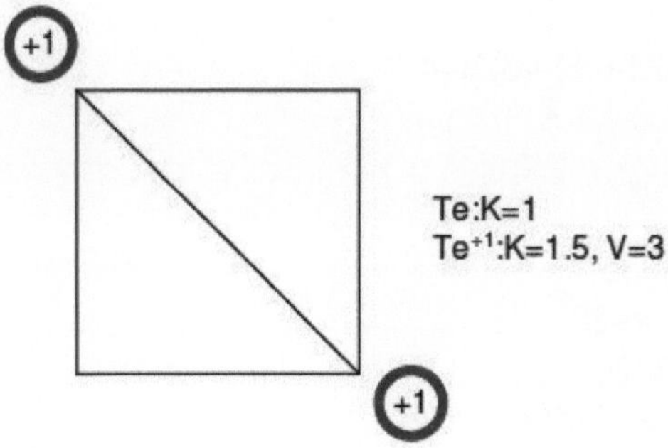

Figura 38.
ANÁLOGO DE BORANO
S=4n+6

$F_B=[BH](4)+6H=B_4H_{10}$

N_{45}. $F=Tl_2Te_2^{(2})-$

K=2[2,5] +2[1] +2[-0,5] =6, n=4

K(n)=6(4)

6=4+2

K=2n-2

S=4n+4(nido)

VE=4n+4=4[4] +4=20

VF=2[3] +2[6] +2=20

VE=8n-2K=8[4]-2[6] =20

$K^*=C'^1+D^5$

y=-1, Z=5

VE=2y+4z+2=2[-1] +4 [5] +2=20

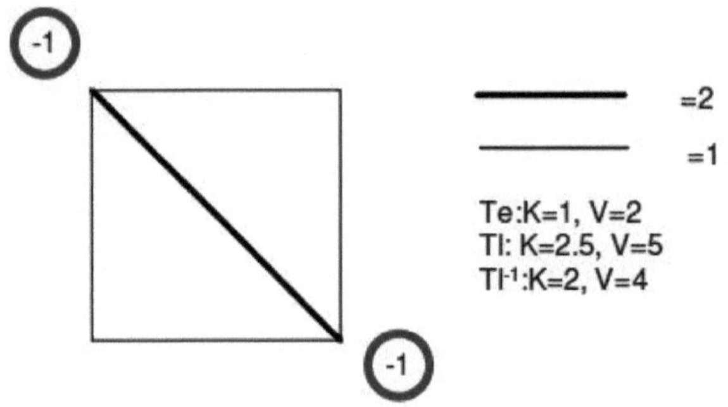

Estrutura isomérica de $Tl_2Te_2^{2'}$

Figura 39.

N_{46}. $F=Sn_2Bi_{(2}^{)(2)'}$

K=2[2] +2[1.5] +2 [-0.5] =6, n=4

K(n)=6(4)

6=4+2

K=2n-2

S=4n+4(família nido)

VE=4n+4=4 [4] +4=20

VF=2[4] +2[5] +2=20

VE=8n-2K=8[4]- 2[6] =20

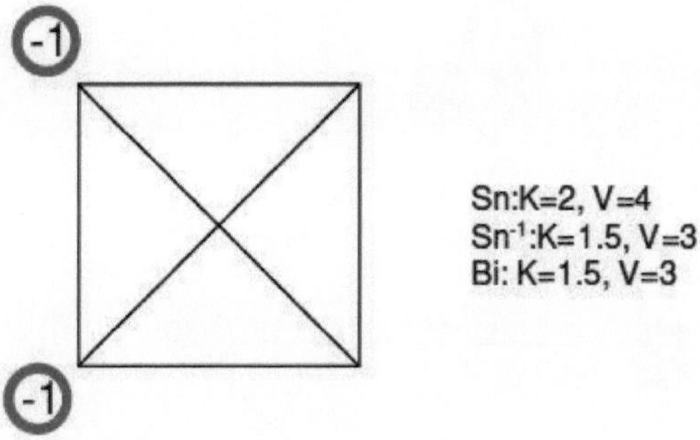

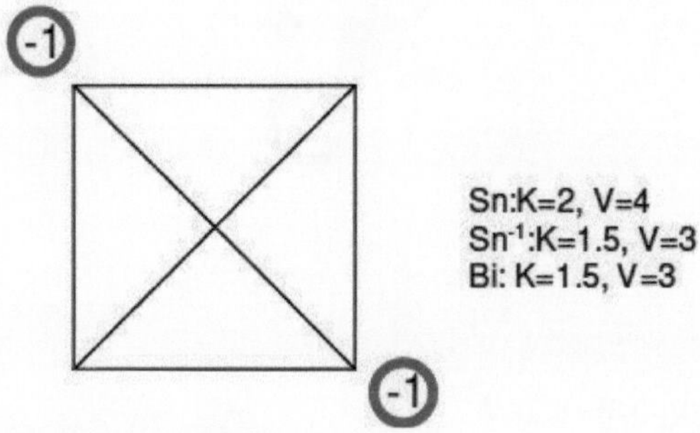

Estruturas isoméricas de $Sn_2Bi_2^{2-}$

Figura 40.

ANÁLOGO DE BORANO

S=4n+4, n=4

FB=[BH](4)+4H=B4H8

bk. $F=Sn_4^{4-}$

K=4[2] +4[-0,5] =6, n=4

K(n)=6(4)

6=4+2

K=2n-2

S=4n+4

VE=4n+4=4[4] +4=20

VF=4[4] +4=20

VE=8n-2K=8[4]-2[6] =20

$K^*=C^{-1}+D^5$

y=-1, z=5

VE=2y+4z+2=2[-1] +4[5] +2=20

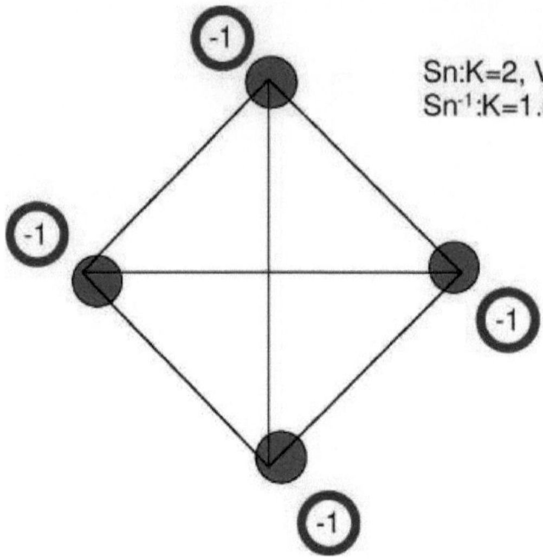

Estrutura isomérica do Sn_4^{4-}
Figura 41.

N_{48}. $F=Pb_2Sb_2^{2-}$
K=2[2] +2[1.5] +2[-0.5] =6. n=4
K(n)=6(4)
6=4+2
K=2n-2
S=4n+4
VE=4n+4=4[4] +4=20
VF=2[4] +2[5] +2=20
VE=8n-2K=8[4]-2[6] =20
$K^{*}=C^{-1}+D^{5}$
y=-1, z=5
VE=2y+4z+2=2[-1] +4[5] +2=20

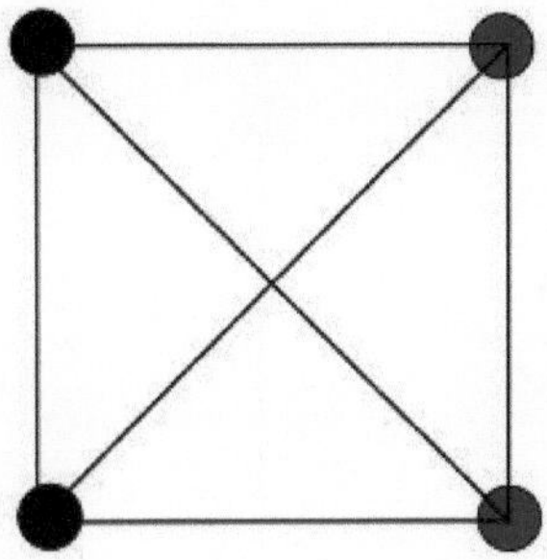

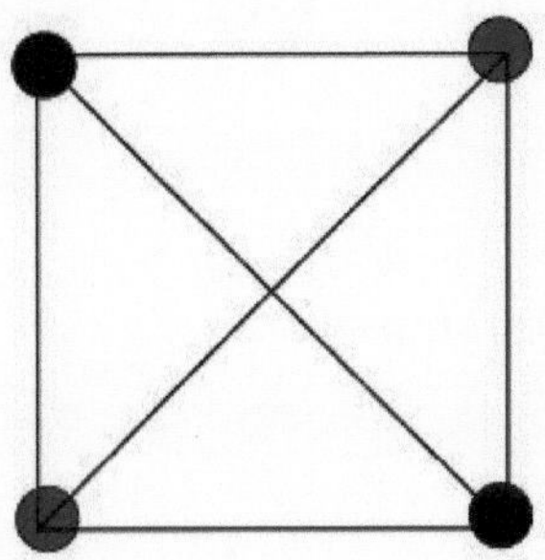

Estrutura isomérica do $Sb_2Pb_2^{2}$

Figura 42.

Os dois isómeros são equivalentes.

N_{49}. $F=Pb_4^{4}$-

K=4[2] +4[-0,5] =6, n=4

K(n)=6(4)

6=4+2

K=2n-2

S=4n+4

VE=4n+4=4[4] +4=20

VF=2[4] +2[5] +2=20

VE=8n-2K=8[4]-2[6] =20

$K^*=C^1+D^5$

y=-1, z=5

VE=2y+4z+2=2[-1] +4[5] +2=20

Pb: K=2, V=4

Pb'^1: K=1,5, V=3

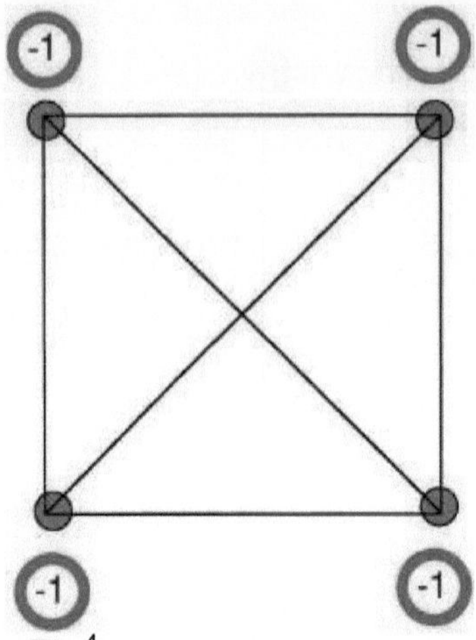

Estrutura isomérica do Pb_4^{4-}
Figura 43.

N_{50}. $F = InBi_3^{2-}$
$K = 1[2.5] + 3[1.5] + 2[-0.5] = 6$, $n = 4$
$K(n) = 6(4)$
$6 = 4 + 2$
$K = 2n - 2$
$S = 4n + 4$
$VE = 4n + 4 = 4[4] + 4 = 20$
$VF = 2[4] + 2[5] + 2 = 20$
$VE = 8n - 2K = 8[4] - 2[6] = 20$
$K^{*} = C^{-1} + D^{5}$
$y = -1$, $z = 5$
$VE = 2y + 4z + 2 = 2[-1] + 4[5] + 2 = 20$
In: $K = 2.5$, $V = 5$
In^{-2}: $K = 1.5$, $V = 3$
Bi: $K = 1.5$, $V = 3$

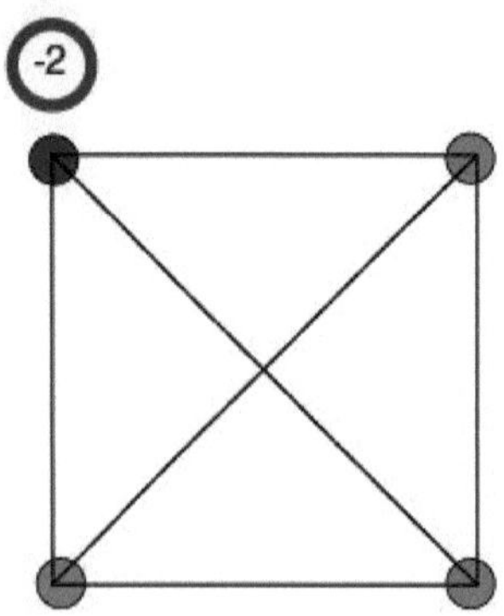

Figure 44.

N_5I. $F=B_4H_4^{2}$-
K=4[2,5] +4[-0,5] +2[-0,5] =7, n=4
K(n)=7(4)
7=4+3
K=2n-1
S=4n+2(família próxima)
VE=4n+2=4[4] +2=18
VF=4[3] +4+2=18
VE=8n-2K=8[4]-2[7] =18

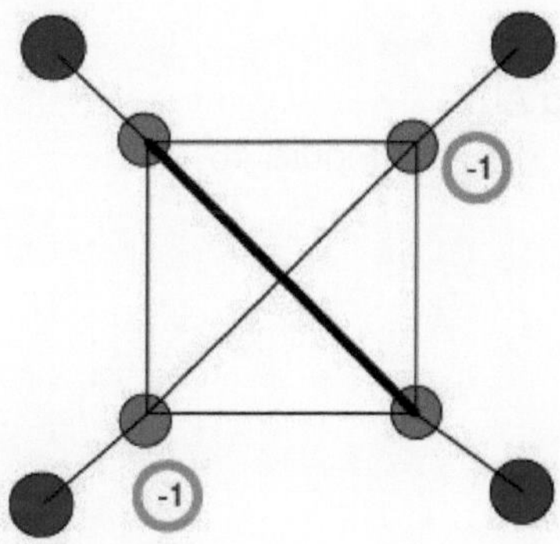

Estrutura isomérica de $B_4H_4^{2'}$
Figura 45.
Nh. $F=Al_4^{2'}\_$
K=4[2,5] +2[-0,5] =9, n=4
K(n)=9(4) 9=4+5
K=2n+1
S=4n-2
$K^*=C^2+D^2$ y=2,z=2
VE=2y+4z+2=2[2] +4 [2] +2=14
VF=4 [3] +2=14
VE=8n-2K=8[4]-2 [9] =14
S=4n-2
VE=4n-2=4[4]-2=14
Al: K=2,5, V=5
Al^{-1}: K=2, V=4

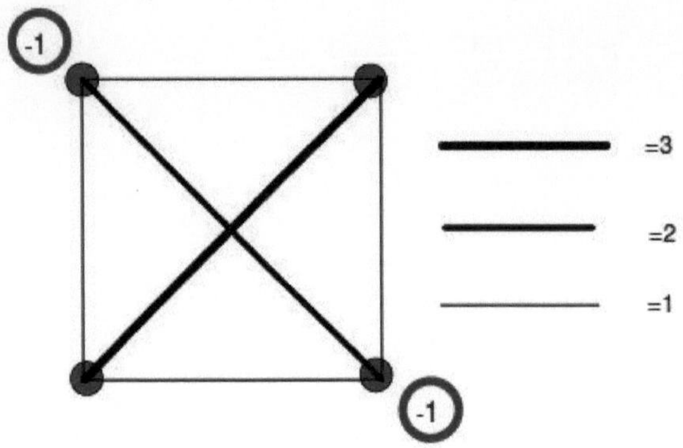

Estrutura isomérica do Al_4^{2-}

Figura 46.

CAPÍTULO 3

TRANSFORMAR O AGLOMERADO DE ZINCO NUM AGLOMERADO DE CARBONILO SELECCIONADO

Para encontrar um análogo de metal de transição, como um carbonilo de metal, a fórmula da série de S=4n+q a S=14n+q. Em seguida, temos de selecionar um metal desejado e, finalmente, temos de criar um fragmento adequado que forneça a base de 14 electrões. No exemplo abaixo, foi selecionado o fragmento [Re $(CO)_{3H}$], cujo conteúdo de electrões de valência=7+6+1=14. Isto corresponde a [14] na fórmula, n=4 e o número negativo [-2] é simplesmente substituído por [-CO]. Ao simplificar o termo do aglomerado de carbonilo, obtemos $_{FC=Re4}(CO)_{13}$ que é um análogo do aglomerado de Zintl $_{F=Al4}{}^{2-}$.

S=14n-2

(n=4)

$_{FCO}$ =[Re(CO)3H](4)$_{-CO=Re4}$(CO)$_{11}$(CO)$_{2=Re4}$(CO)$_{13}$

SÉRIE N5

$_{N51}$. F=Bi_5^{5-}

K=5[1,5] +5[-0,5] =5, n=5

K(n)=5(5)

5=5+0

K=2n-5

S=4n+10

VE=4n+10=4[5] +10=30

VF=5[5] +5=30

VE=8n-2K=8[5]-2[5] =30

K*=C^{-4}+D^9

y=-4, z=9

VE=2y+4z+2=2[-4] +4[9] +2=30

Bi: K=1,5, V=3

Bi^{-1}: K=1, V=2

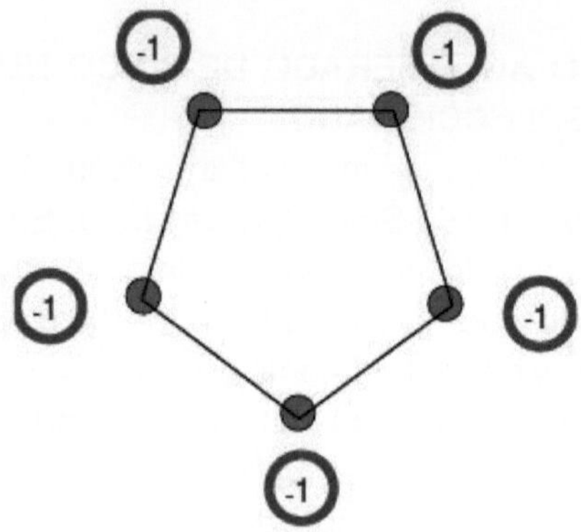

Estrutura isomérica do Bi_5^{5-}
Figura 47.

S=4n+10, n=5

H= [C](5)Hi0 = C5H10 Ξ Bì55-E Bì5H5

De acordo com a série 4N, [H] - [-1].

ANÁLOGO DE BORANO

FB=[BH](5)+10H=B5H15

Nh. F=Ge_5^{8-}

K=5[2] +8[-0,5] =6 n=5

K(n)=6(5)

6=5+1

K=2n-4

S=4n+8

VE=4n+8=4[5] +8=28

VF=5[4] +8=28

VE=8n-2K=8[5]-2[6] =28

K*=C^{-3}+D^8

y=-3, z=8

VE=2y+4z+2=2[-3] +4[8] +2=28

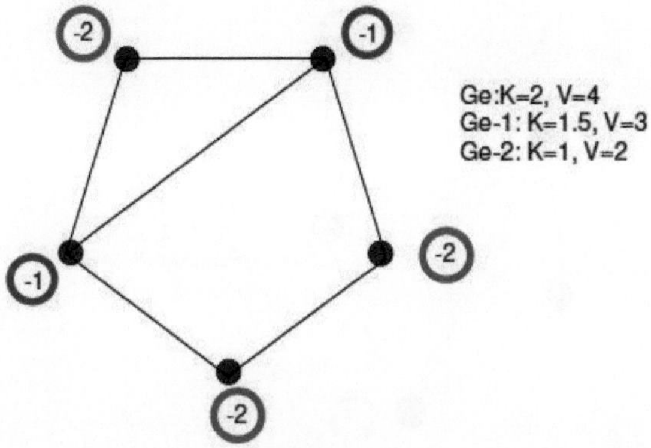

Figura 48.

H= [C](5)H8 =C5H8 Ξ Ge5H8
ANÁLOGO DE BORANO
F_B=[BH](5)+8H=B_5H_{13}
N53. F=Pb_5^{2}-
K=5[2] +2 [-0,5] =9, n=5
K(n)=9(5)
9=5+4
K=2n-1
S=4n+2(família próxima)
VE=4n+2=4 [5] +2=22
K*=C°+D^5
y=0,z=4
VE=2y+4z+2=2[0] +4 [5] +2=22
VF=5[4] +2 =22
VE=8n-2K=8[5]-2 [9] =22

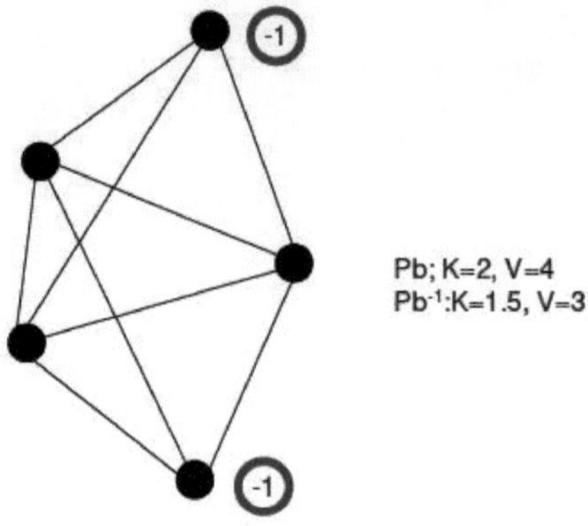

Estrutura isomérica do Pb_5^{2}
Figura 49.

N_{54}. F=Bi_5^{3+}

K=5[1,5] +3 [0,5] =9, η=5

K(η)=9(5)

9=5+4

K=2η-1

S=4n+2(família próxima)

VE=4n+2=4 [5] +2=22

VF=5[5]-3=22

VE=8n-2K=8[5]-2 [9] =22

$K^{*}=C^{\circ}+D^{5}$

y=0,z=4

VE=2y+4z+2=2[0] +4 [5] +2=22

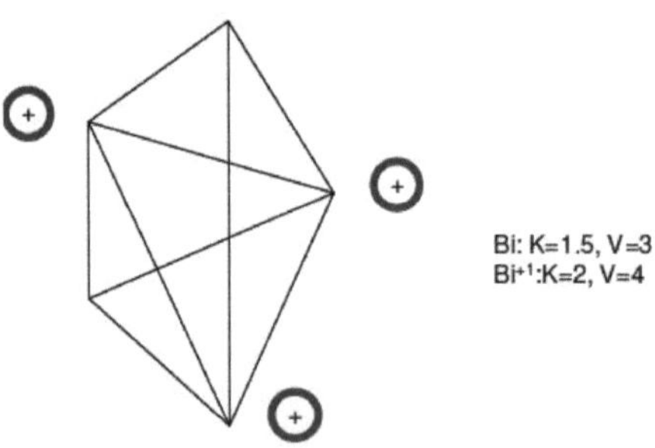

Estrutura isomérica do Bi53+ Figura 50.

N55. $F=Bi_3Cr_2(CO)_6^{3-}$

K=3[1.5] +2[6-3] +3[-O.5] =9, n=5

K(n)=9(5)

9=5+4

K=2n-1

S=4n+2, m=2

VE=4n+2+10m=4[5] +2+10[2] =42

VF=3[5] +2[6] +6[2] +3=42

VE=8n-2K+10m=8[5]-2[9] +10[2] =42

$K^*=C^O+D^5$

y=0, z=5

VE=2y+4z+2+10m=2[0] +4[5] +2+10[2] =42

ANÁLOGO DE BORANO

$F_B=[BH](5)+2H=B_5H_7=B_5H_5^{2-}$

Bi: K=1,5, V=3

Bi^{-1}: K=1, V=2

$Cr(CO)_3$: K=6-3=3, V=6

$Cr(CO)_3^{-1}$:K=2,5, V=5

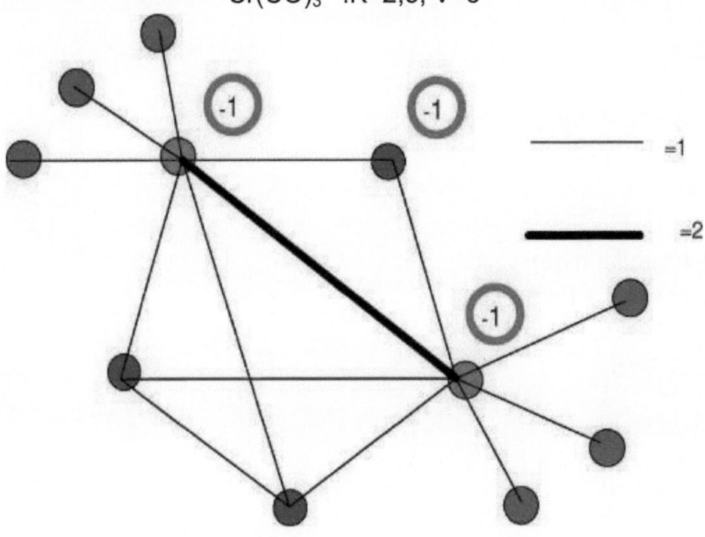

Estrutura isomérica de $Bi_3[Cr(CO)_3]_2^{3,}$ Figura 51.

N56. $F=B_5H_5^{2-}$

K=5[2,5] +5[-0,5] +2[-0,5] =9, n=5

K(n)=9(5)

9=5+4

K=2n-1
S=4n+2
VE=4n+2=4[5] +2=22
VF=5[3] +5+2=22
B: K=2,5, V=5

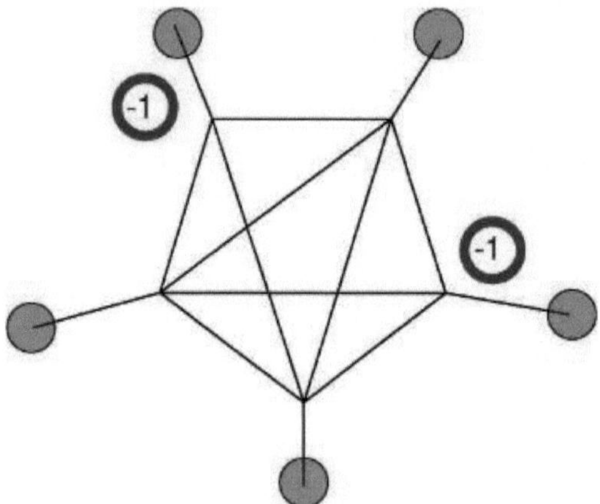

Estrutura isomérica do $B_5H_5^{2-}$
Figura 52.

SÉRIE N_6

N_6i.F=B_6H_{10}
K=6[2,5] +10[-0,5]=10, n=6
K(n)=10(6)
10=6+4
K=2n-2
S=4n+4(família nido)
VE=4n+4=4[6] +4=28
VF=6[3]+10=28
B: K=2,5, V=5

N_{62}. F=$B_6H_6^{2}$-
K=6[2,5] +6[-0,5] +2[-0,5] =11, n=6
K(n)=11(6)
11=6+5
K=2n-1
S=4n+2(família próxima)
VE=4n+2=4[6] +2=26
VF=6[3] +6+2=26

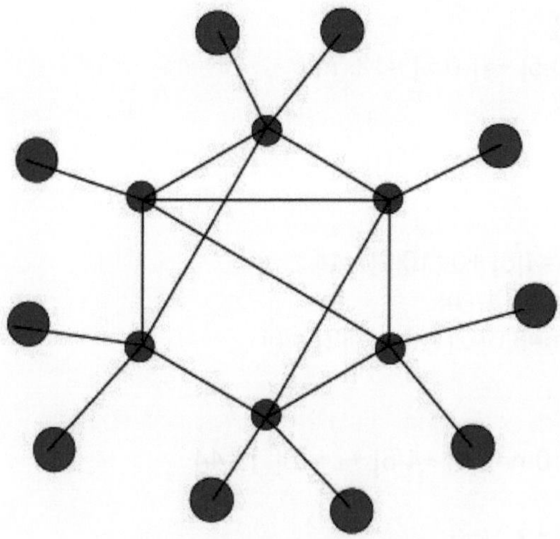

Estrutura isomérica do B_6H_{10}
Figura 53.

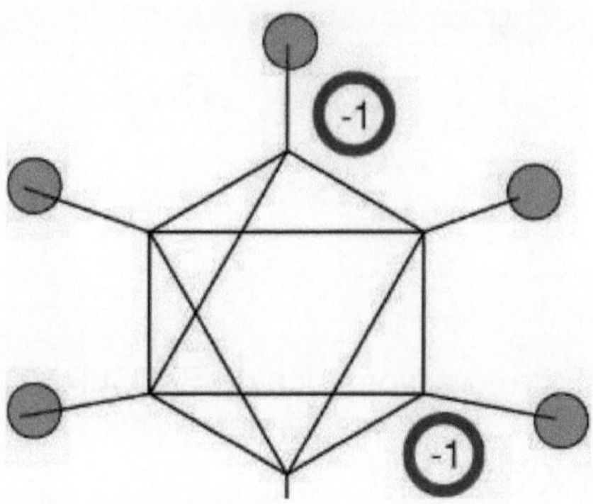

Estrutura isomérica de $B_6H_6^{2-}$
Figura 54.

N63. F=S¡4$[CuR]_2^{4-}$

K=4[2] +2[3.5-0.5] +4[-0.5] =12, n=6

K(n)=12(6)

12=6+6

K=2n+0

S=4n+0, m=2

VE=4n+0+10m=4[6] +0+10[2] =44

VF=4[4] +2[11+1] +4=44

VE=8n-2K+10m=8[6]-2[12] +10[2] =44

$K^{*}=C1+D^{5}$

y=1, z=5

VE=2y+4z+2+10m=2[1] +4[5] +2+10[2] =44

Si: K=2, V=4

CuR: K=3,5-0,5=3, V=6

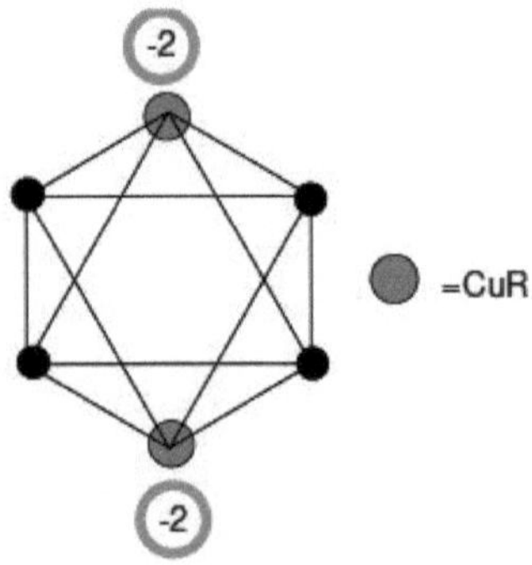

Estrutura isomérica do S¡4$[CuR]_2^{4-}$

Figura 55.

ANÁLOGO DE BORANO

FB=[BH](6)+0H=B6H6

SÉRIE N7

N71. F=As_7^{3-}

K=7[1,5] +3[-0,5] =9, n=7

K(n)=9(7)

9=7+2

K=2n-5

S=4n+10

VE=4n+10=4[7] +10=38

VF=7[5] +3=38

VE=8n-2K=8[7]-2[9] =38

$K^* = C^{-4} + D^{11}$

y=-4, z=11

VE=2y+4z+2=2[-4] +4[11] +2=38

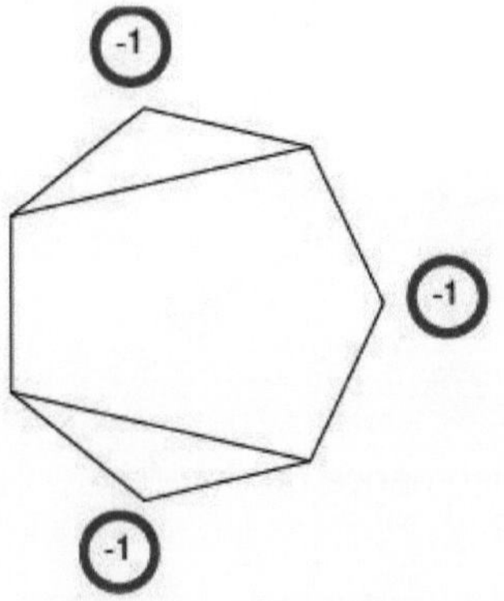

As:K=1.5, V=3

As^{-1}:K=1, V=2

Estrutura isomérica do As_7^{3-} Figura 56.

ANÁLOGO DE BORANO

S=4n+10, n=7

FB=[BH](7)+10H=B7HI7

N72. F=$B_7H_7^{2-}$

K=7[2,5] +7[-O,5] +2 [-0,5] =13, n=7

K(n)=13(7)

13=7+6

K=2n-1

S=4n+2

VE=4n+2=4[7] +2=3O

VF=7[3] +7+2=3O

B: K=2,5, V=5

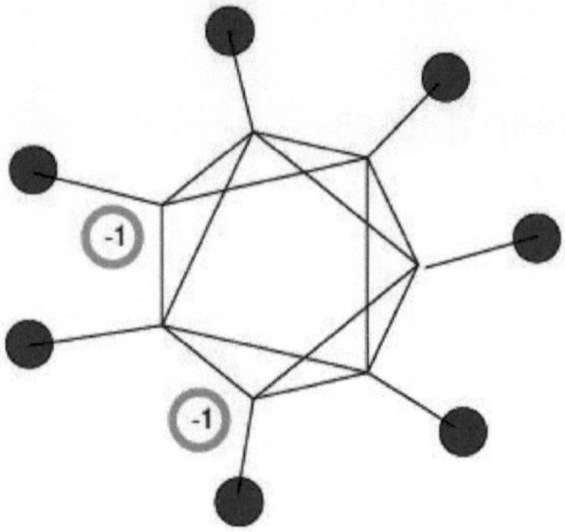

Estrutura isomérica do $B_7H_7^{2-}$

Figura 57.

N73. $F=Bi_3Ni_4(CO)_{(6)}^{3-}$

K=3[1.5] +4[4] +6[-1] +3[-0.5] =13, n=7

K(n)=13(7)

K=n + t

t<n série de redução de tampas, C^y, y<0

t>>n série de nivelamento, C^y, y>0

13=7+6

K=2n-1

$K^*=C^0+D^7$

y=0, z=7, m=4

VE=2y+4z+2+10m=2[0] +4[7] +2+10[4] =70

VF=3[5] +4[10] +6[2] +3=7O

S=4n+2

VE=4n+2+10m=4[7] +2+40=70

VE=8n-2K+10m=8[7]-2[13] +40=70

Ni: K=4, V=8

Bi: K=1,5, V=3

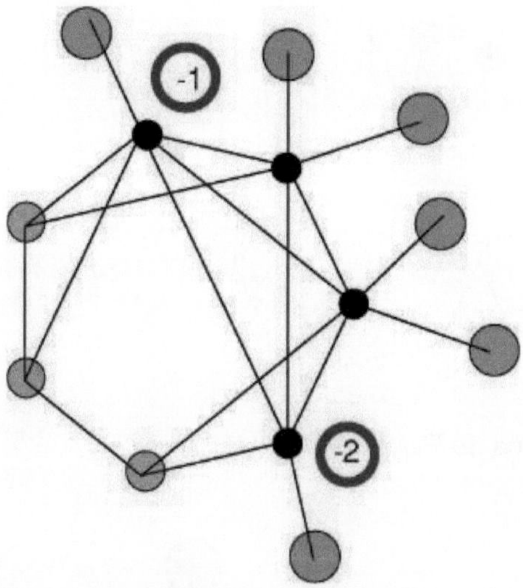

Estrutura isomérica do $Bi_3Ni_4(CO)_6^{3-}$

Figura 58.

N_{74}. $F=Pb_5[Mo\ (CO)_3]_2^{4-}$

K=5[2] +2[6-3] +4[-0,5] =10+6-2=14, n=7

K(n)=14(7)

14=7+7

K=2n+0

$K^*=C^1+D^6$

y=1, z=6, m=2

VE=2y+4z+2+10m=2[1] +4[6] +2+10 [2] =48

VF=5[4] +2 [6+6] +4=48

VE=8n-2K+20=8[7]-2 [14] +20=48

S=4n+0

VE=4n+0+20=4 [7] +20=48

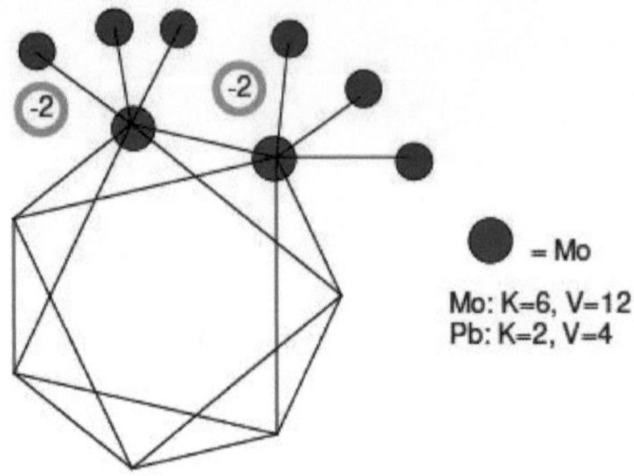

Estrutura isomérica de $P_{b(5)}[Mo(CO)_3]_2^{(4}$)
Figura 59.

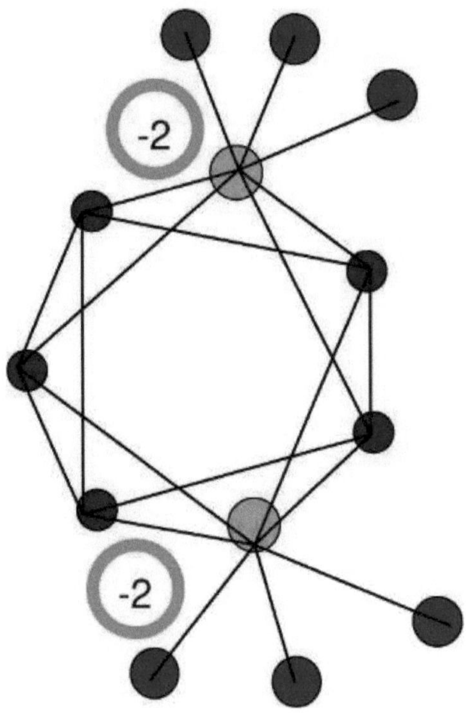

Estrutura isomérica do $Pb_5[Mo(CO)_3]^{4-}$
Figura 60.

Nys. $F=N_iAu_6^{2'}$

K=1 [4] +6[3.5] +2I-0.5] =24, n=7

K(n)=24(7)

24=7+17

K=2n+10

$K^*=C^{11}+D^{'4}$(aglomerado metálico)

y=11, z=-4

VE=12y+14z+2=12[11] +14[-4] +2=78

VF=1 [10] +6[11] +2=78

VE=18n-2K=18[7]-2[24] =78

S=4n-20

VE=14n-20=14[7]-20=78

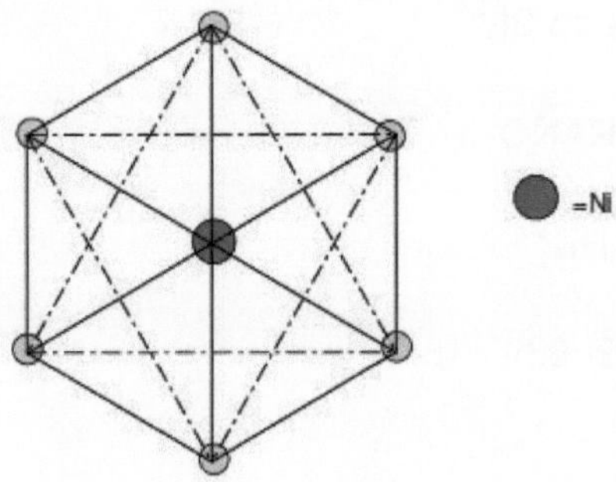

Estrutura isomérica do $NIAu_6^{2}$

Figura 61.

SÉRIE N_8

N81. $F=Bi_8^{2+}$

K=8[1,5] +2[0,5] =13, n=8

K(n)=13(8)

14=8+5

K=2n-3

S=4n+6(arachno)

VE=4n+6=4[8] +6=38

VF=8[5]-2=38

VE=8n-2K=8[8]-2[13] =38

$K^*=C^{-2}+D^{10}$

y=-2, z=10

VE=2y+4z+2=2[-2] +4[10] +2=38

Bi: K=1,5, V=3

Bi^{+1}: K=2, V=4

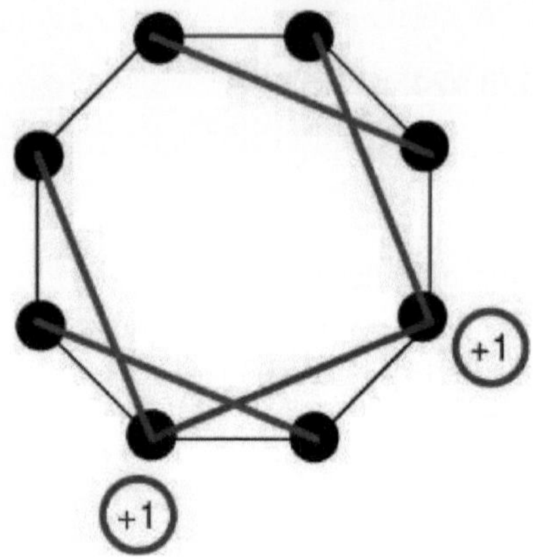

Estrutura isomérica do Bi_8^{2+}

Figura 62.

ANÁLOGO DE BORANO

S=4n+6, n=8

FB=[BH](8)+6H=B_8H_{14}

N_{82}. F=$B_8H_8^{2-}$

K=8[2.5] +8[-0.5] +2[-0.5] =15, 8

K(n)=15(8)

15=8+7

K=2n-1

S=4n+2

VE=4n+2=4[8] +2=34

VF=8[3] +10=34

B: K=2,5, V=5

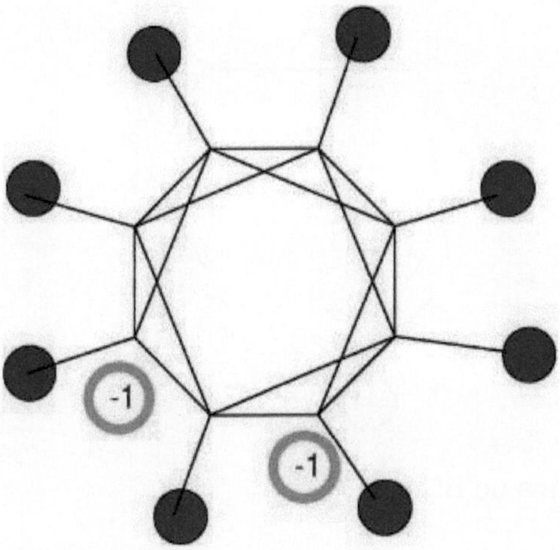

Figura 63.

SÉRIE $_{N(9)}$

N91. $F=Bi_9^{3+}$

K=9[1,5] +3[0,5] =15, n=9

K(n)=15(9)

15=9+6

K=2n-3

S=4n+6

VE=4n+6=4[9] +6=42

VF=9[5]-3=42

VE=8n-2K=8[9]-2[15] =42

$K^*=C^{-2}+D^{11}$

y=-2, z=11

VE=2y+4z+2=2[-2] +4[11] +2=42

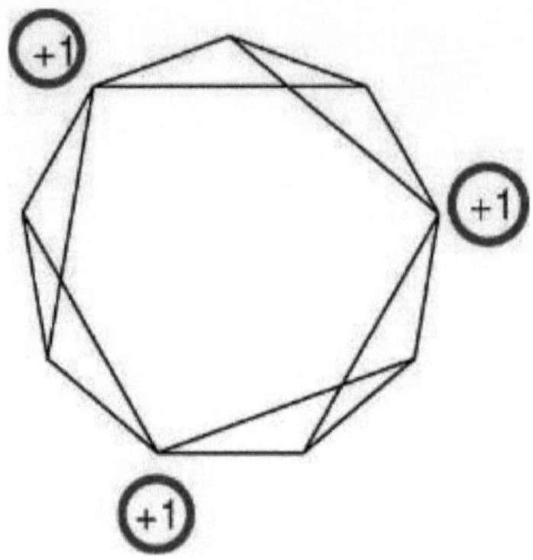

Estrutura isomérica do Bi_{93+}
Figura 64.
ANÁLOGO DE BORANO
S=4n+6, n=9
FB=[BH](9)+ 6H=B9Hi5
N92. F=Ge8Zn^{6-}
K=8[2] +1[3] +6[-O.5] =16, n=9
K(n)=16(9)
16=9+7
K=2n-2
S=4n+4
VE=4n+4=4[9] +4+10=50
VF=8[4] +12+6=5O

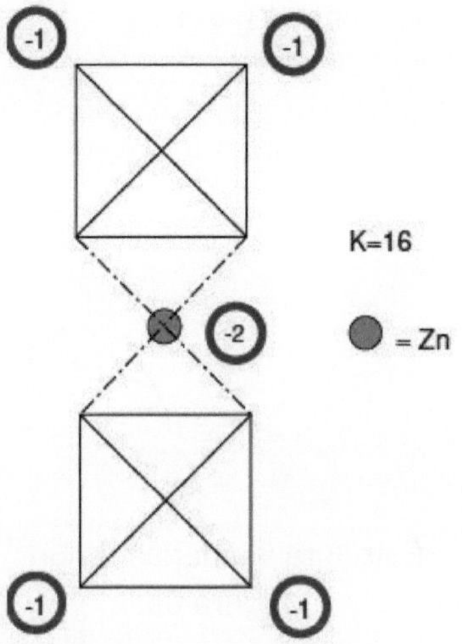

Estrutura isomérica do $Ge8Zn^{6-}$

Figura 65.

ANÁLOGO DE BORANO

S=4n+4, n=9

FB=[BH](9)+4H=B9Hl3

N93. $F=B\grave{l}_9^{5+}$

K=9[1.5] +5[O.5] =16, n=9

K(n)=16(9)

16=9+7

K=2n-2

S=4n+4(família nido)

VE=4n+4=4[9] +4=40

VF=9[5]-5=4O

VE=8n-2K=8[9]-2[16] =40

$K^*=C^{-1}+D^{10}$

y=-1, z=10

VE=2y+4z+2=2[-1] +4[1O] +2=40

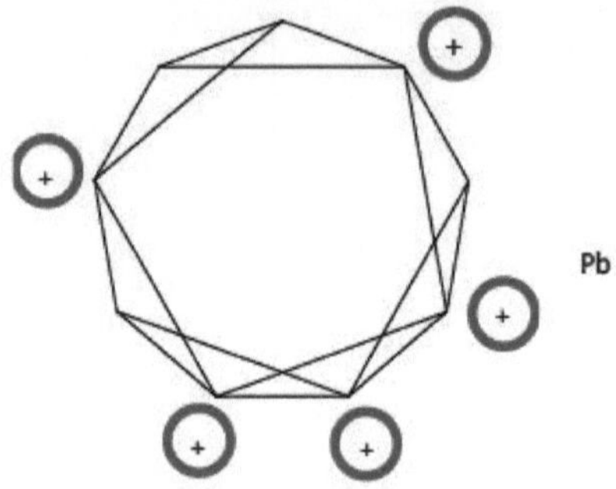

Estrutura isomérica do $Bì_9^{5+}$
Figura 66.

S=4n+4
S=14n+4, n=9
Fco=[Os(CO)3](9)+2[CO]=$Os_9(CO)_{29}$
N95. F=Pb_9^{2-}
K=9[2] +2[-0,5] =17, n=9
K(n)=17(9)
17=9+8
K=2n-1
S=4n+2(família próxima)
VE=4n+2=4 [9] +2=38
$K^*=C^0+D^9$
y=0, z=9
VE=2y+4z+2=2[0] +4 [9] +2=38
VF=9[4] +2 =38
VE=8n-2K=8[9]-2[17] =38

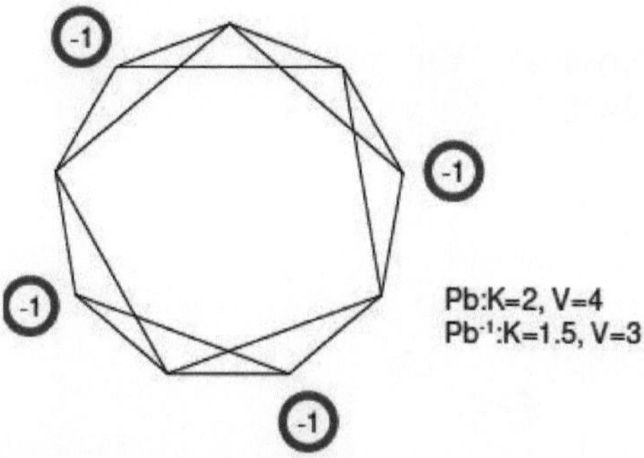

Estrutura isomérica do Pb_9^{2-}

Figura 68.

N_{96}. $F=B_9H_9^{2-}$

K=9[2,5] +9[-0,5] +2[-0,5] =17, n=9

K(n)=17(9)

17=9+8

K=2n-1

S=4n+2

VE=4n+2=4[9] +2=38

VF=9[3] +11=38

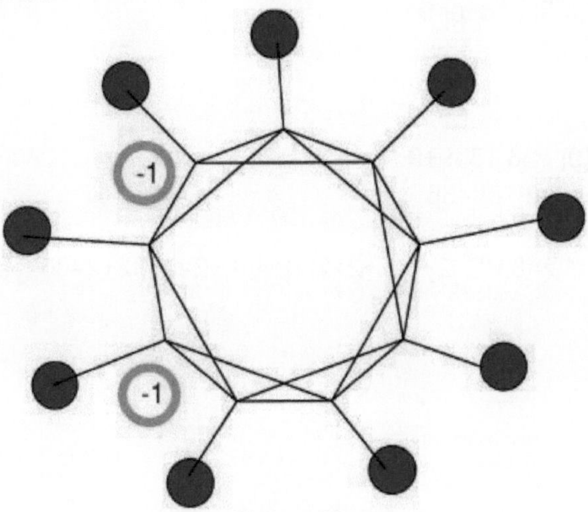

Figura 69.

Иду. $F=In_9^{11}$

K=9[2,5] +11 [-0,5] =17, n=9

K(n)=17(9)

17=9+8

K=2n-1
S=4n+2(família próxima)
VE=4n+2=4[9] +2=38
VF=9[3] +11=38
Tl: K=2,5, V=5
$T\Gamma^{(1)}$: K=2, V=4

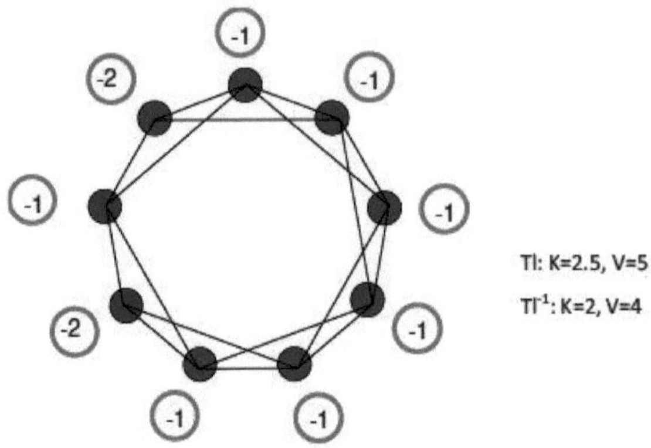

Estrutura isomérica de $F=In_Q^{11}$

Figura 70.

N_{98}. $F=Tl_9^{(9})$-
K=9[2,5] +9[-0,5] =18, n=9
K(n)=18(9)
K=2n+0
S=4n+0
VE=4n+0=4[9] =36 18=9+9
VE=8n-2K=8[9]-2[18] =36
VF=9[3] +9=36
$K^*=C^1+C''$ y=1,z=8 VE=2y+4z+2=2[1]+4[8]+2=2+32+2=36

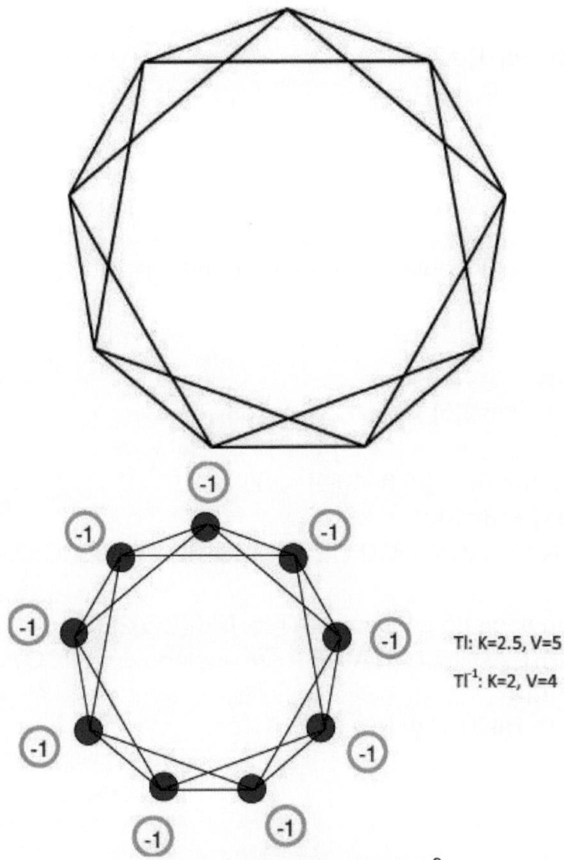

Estrutura isomérica do Tl_9^{9}
Figura 71.

A distribuição de cargas na estrutura isomérica acima é altamente simétrica. De acordo com a NOVA TEORIA DOS CLUSTERES, cada ponto nodal obedece à regra do octeto. O total de electrões de valência em cada ponto nodal é VE=1[3] +4[1] +1=8. Neste conceito, cada ligação é considerada como um único dador de electrões e a carga negativa é também considerada como um único dador de electrões, da mesma forma que um ligando [H] ou um halogéneo [X] em alguns clusters.

ANÁLOGO DE BORANO

S=4n+0, n=9

FB=[BH](9)+0H=B9H9

N99. $F=PbAu_8L_8$
K=1[2] +8[3.5] +8[-1] =22, n=9
K(n)=22(9)
22=9+13
K=2n+4 i.
Sabemos que
K=2n - / q ii
Comparando (i) e (ii), obtém-se 4= - / q, donde q= -8.
Logo, S=4n-8.
$K^*=C^5+D^4$
y=5, z=4, m=8
VE=2y+4z+2+10m=2[5] +4[4] +2+80=108
S=4n-8
VE=4n-8+10m(m=8) =4[9]-8+10[8] =108
VF=1[4] +8[11] +16=108
ENCONTRAR UM ANÁLOGO DE CARBONILO SELECCIONADO.
S=4n-8, n=9
S=14n-8; o análogo do paládio será FCO= [Pd (CO)2] (9)-
4[CO]=Pd9(CO)14. Assim, o PbAuL8 é um análogo do $Pd_9(CO)_{14}$.
N100- $F=PbAu_8L_8$
K=1 [2] +8[3.5] +8[-1] =22, n=9
K(n)=22(9)
22=9+13
K=2n+4
$K^*=C^5+D^4$
y=5, z=4, m=8
VE=2y+4z+2+10m=2[5] +4[4] +2+80=108
S=4n-8
VE=4n-8+10m(m=8) =4[9]-8+10[8] =108
VF=1[4] +8[11] +16=108

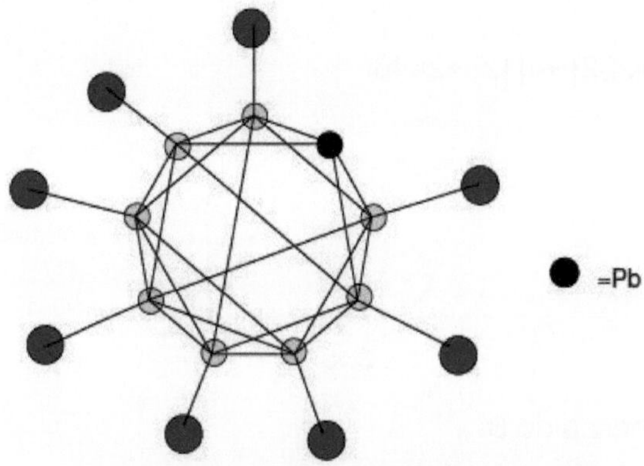

Estrutura isomérica de $PbAu_{ft}L_{ft}$ o o
Figura 72.

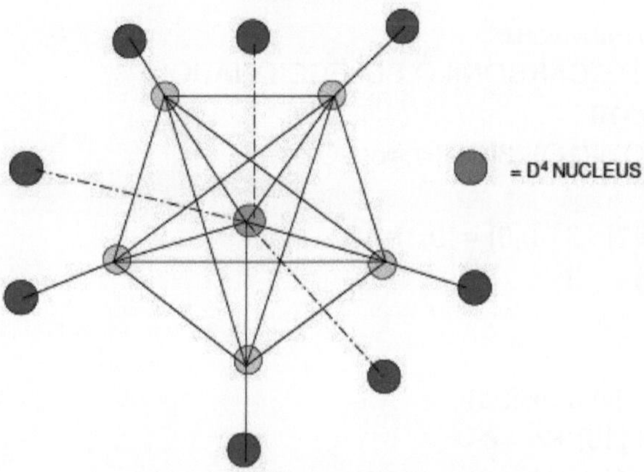

Estrutura isomérica de $PbAu_8L_8$
Figura 73.

SÉRIE Nio

N101. $F=Bi_{10}^{4+}$

K=10[1.5] +4[0.5] =17(10)

K(n)=17(10)

17=10+7

K=2n-3

S=4n+6(arachno)

VE=4n+6=4[10] +6=46

VF=10[5]-4=46

$K^*=C^{-2}+D^{12}$

y=-2, z=12

VE=8n-2K=8[10]-2[17] =46

VE=2y+4z+2=2[-2] +4[12] +2=46

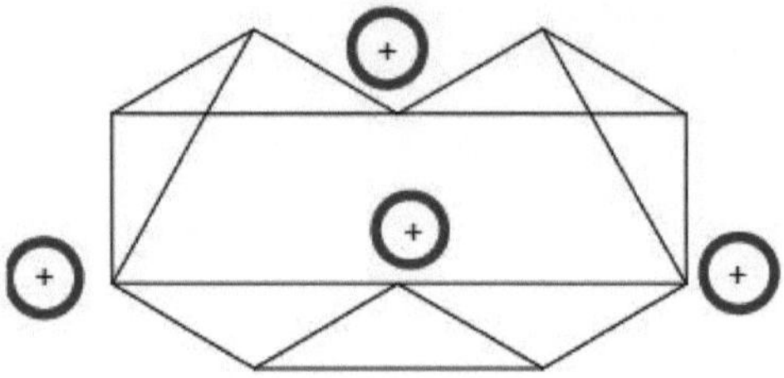

Estrutura isomérica do Bi_{10}^{4+}

Figura 74.

ANÁLOGO DE BORANO

S=4n+6, n=10

$F_B=[BH](10)+6H=B_{10}H_{16}$

ANÁLOGO DE CARBONILO SELECCIONADO

S=14n+6, n=10

$F_{CO}=[Os(CO)_3](10)+3[CO]=Os_{10}(CO)_{33}$

N102. $F=TlSn_9^{3-}$

K=1[2,5] +9[2] +3 [-0,5] =19, n=10

K(n)=19(10)

19=10+9

K=2n-1

S=4n+2(família próxima)

VE=4n+2=4 [10] +2=42

VF=1[3] +9 [4] +3=42

VE=8n-2K=8[10]-2 [19] =42

$K^*=C^0+D^{10}$

y=0, z=10

VE=2y+4z+2=2[0] +4 [10] +2=42

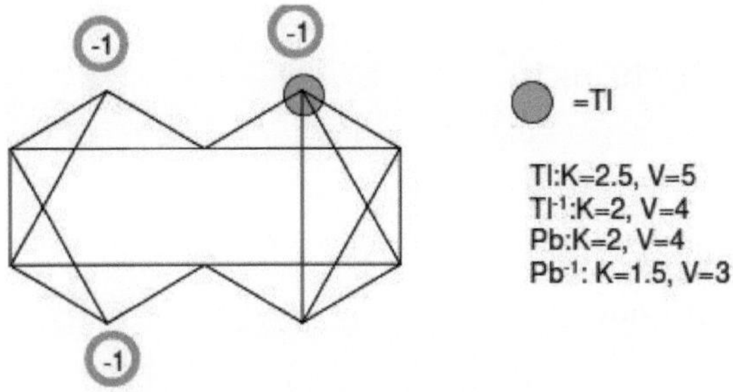

Estrutura isomérica do $TlSn_9^{3-}$

Figura 75.

ANÁLOGO DE BORANO

S=4n+2, n=10

$F_B=[BH](1O)+2H=B_{10}H_{12}=B_{10}H_{10}^{2}$

Ni03. $F=Sn_9Cr\ (CO)_3^{4-}$

K=9[2] +1[6] +3[-1] +4 [-0,5] =19, n=10

K(n)=19(10)

19=10+9

K=2n-1

S=4n+2(família próxima)

VE=4n+2+10m(m=1) =4 [10] +2+10=52

VF=9 [4] +6+6+4=52

VE=8n-2K+10=8[10]-2 [19] +10=52

$K^*=C^0+D^{10}$

y=0, z=10, m=1

VE=2y+4z+2+10=2[0] +4 [10] +2+10=52

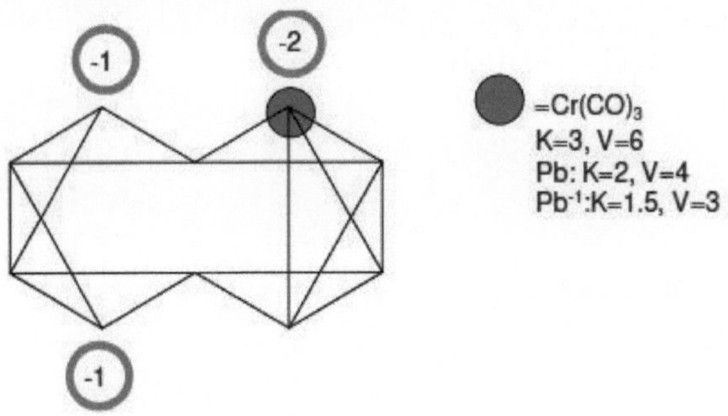

Estrutura isomérica do $Sn_9Cr(CO)_3^{4-}$

Figura 76.

N104. $F=Pb_{10}^{2-}$

K=10[2] +2[-0.5] =19, n=10

K(n)=19(10)

19=10+9

K=2n-1

S=4n+2(família próxima)

VE=4n+2=4[10] +2=42

VF=10[4] +2=42

VE=8n-2K=8[10]-2[19] =42

$K^*=C^0+D^{10}$

y=0, z=10

VE=2y+4z+2=2[0] +4[10] +2=42

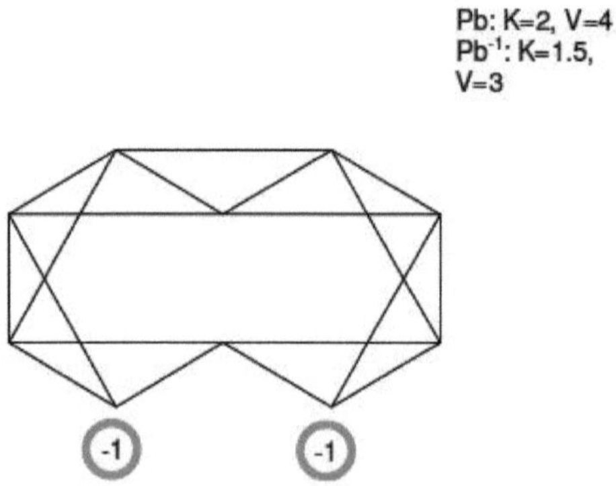

Estrutura isomérica do Pb_{10}^{2}

Figura 77.

N105. $F=B_{10}H_{10}^{2}$-

K=10[2,5] +121-0,5] =19, n=10

K(n)=19(10)

19=10+9

K=2n-1

S=4n+2

VE=4n+2=4[10] +2=42

VF=10[3] +12=42

B: K=2,5, V=5

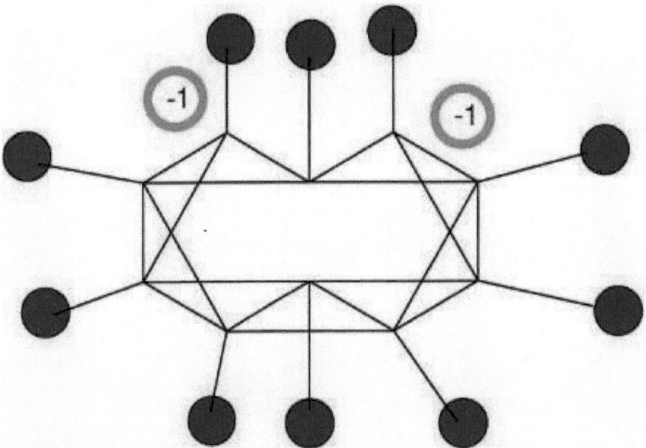

Estrutura isomérica do $B_{10}H_{10}^{2}$

Figura 78.

SÉRIE Nn

Nm- $F=PdBi_{10}^{4+}$

K=1[4] +10[1.5] +4[0.5] =21, n=11

K(η)=21 (11)

21=11+10

K=2η-1

S=4n+2(família próxima)

VE=4n+2+10=4[11] +2+10=56

VF=1[10] +10[5]-4=56

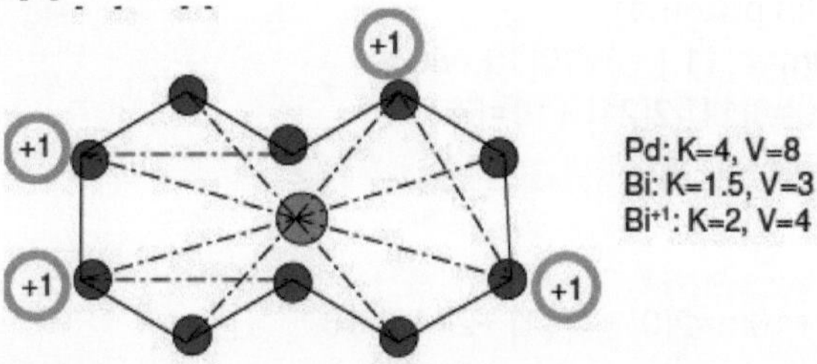

Figura 79.

N_{112}. $F=B_{11}H_{11}^{2}$-

K=11 [2,5] +131-0,5] =21, n=11

K(n)=21(11)

21=11+10

K=2n-1

S=4n+2

VE=4n+2=4[11] +2=46

VF=11[3] +13=46

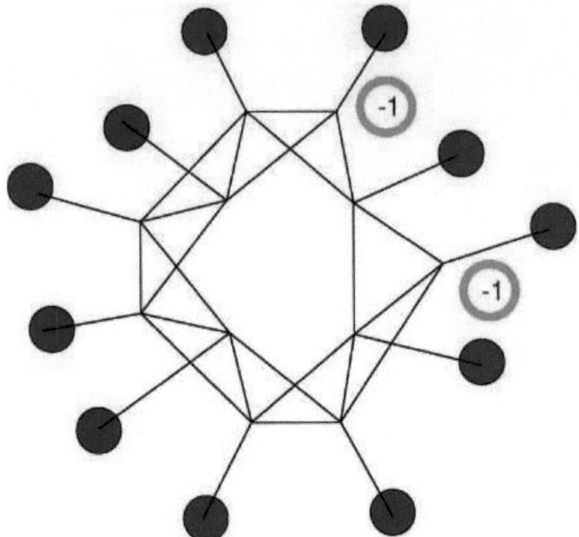

Estrutura isomérica do $^{BцHц(2)}$

Figura 80.

N_{113}. F=$PdBi_{10}^{4+}$

K=1[4] +10[1.5] +4[0.5] =21, η=11

K(η)=21 (11)

21=11+10

K=2η-1

S=4n+2(família próxima)

VE=4n+2+10m=4[11] +2+10[1] =56

VE=8n-2K+10=8[11]-2[21] +10=56

VF=1[10] + 10[5]-4=56

K*=C0+D11

y=0, z=11

VE=2y+4z+2+10m=2[0] +4[11] +2+10=56

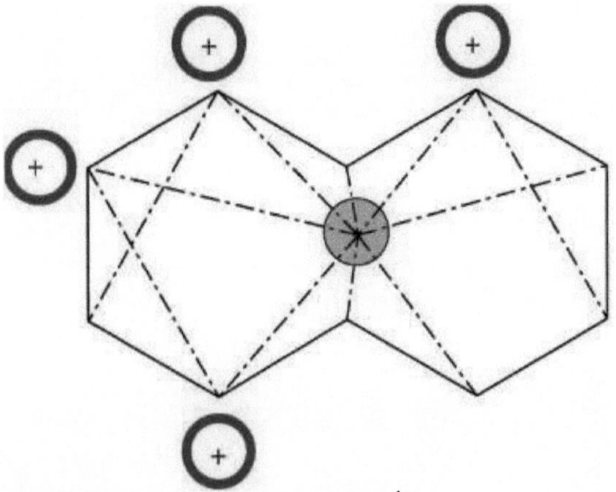

Estrutura isomérica do $PdBi_{10}^{4+}$
Figura 81.

N_{114}. $F=NiGe_{10}^{6-}$

K=1[4] +1O[2] +6[-0,5] =21, n=11

K(n)=21(11)

21=11+10

K=2n-1

S=4n+2(família próxima)

VE=4n+2+10=4[11] +2+10=56

VF=1[10] +10[4] +6=56

Ge: K=2, V=4 Ge^{-1}:K=1.5, V=3

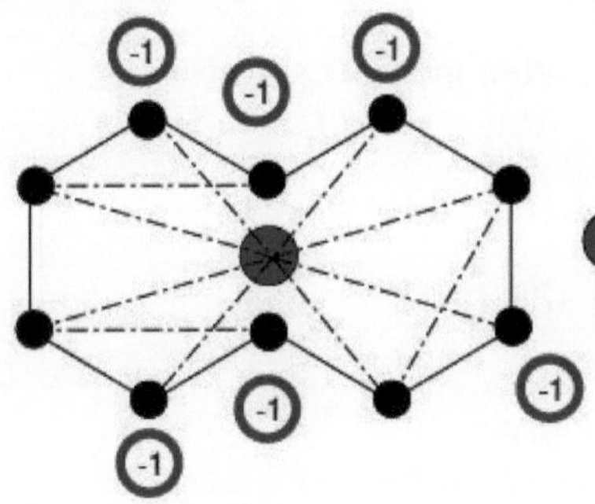

Estrutura isomérica do $NiGe_{10}^{6-}$ Figura 82.

ANÁLOGOS DE BORANO

S=4n+2,n=11

$F_B=[BH](11)+2H=B_{11}H_{13}=B_{11}H_{11}^{2-}$

N_{115}. $F=NiPb_{10}^{2-}$

K=1 [4] +10[2] +2[-0,5] =23, n=11

K(n)=23(11)

23=11+12

K=2n+1

$K^*=C^2+D^9$

y=2, z=9, m=1

VE=2y+4z+2+10m=2[2] +4[9] +2+10[1] =52

VF=1[10] +10[4] +2=52

VE=8n-2K+10m=8[11]-2[23] +10=52

S=4n-2+10=4[11]-2+10=52

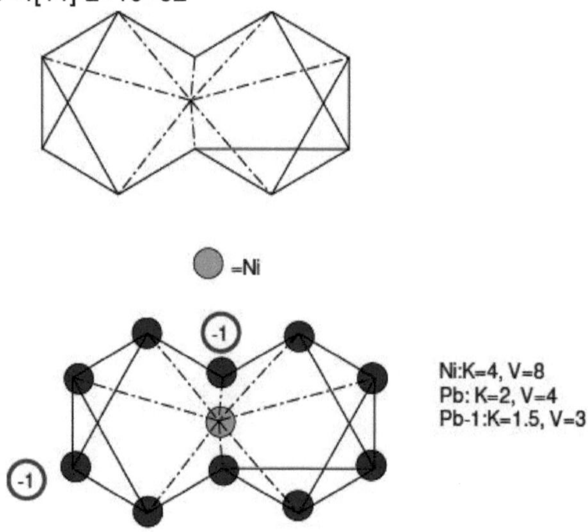

Estrutura isomérica do $NiPb_{10}^{2-}$

Figura 83.

Nii6. $F=CoGe_{10}^{3-}$

K=1[4,5] +10[2] +3[-0,5] =23, n=11

K(n)=23(11)

23=11+12

K=2n+1

$K^*=C^2+D^9$

y=2, z=9, m=1

VE=2y+4z+2+10m=2[2] +4[9] +2+10=52

VF=52

VE=8n-2K+10m=8[11]-2[23] +10=52

VE=4n-2+10=4[11]-2+10=52

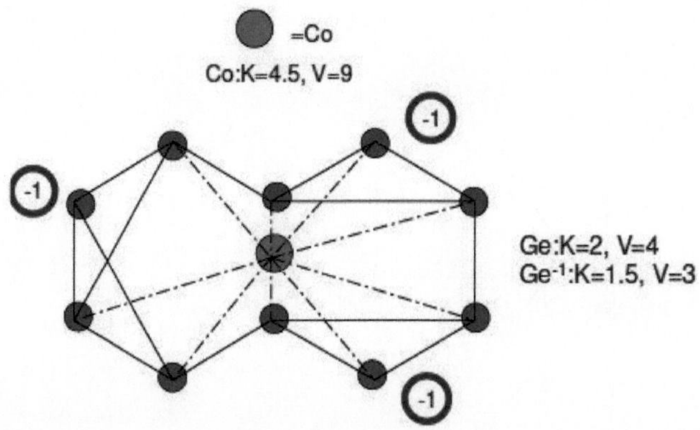

Estrutura isomérica do $CoGe_{10}^{3-}$

Figura 84.

Ыну $F=In_{10}Zn^{8'}$

K=10[2,5] +1 [3] +8[-0,5] =24, n=11

K(n)=24(11)

24=11+13

K=2n+2

S=4n-4

VE=4n-4+10=4[11]-4+10=50

VF=10[3] +12+8=50

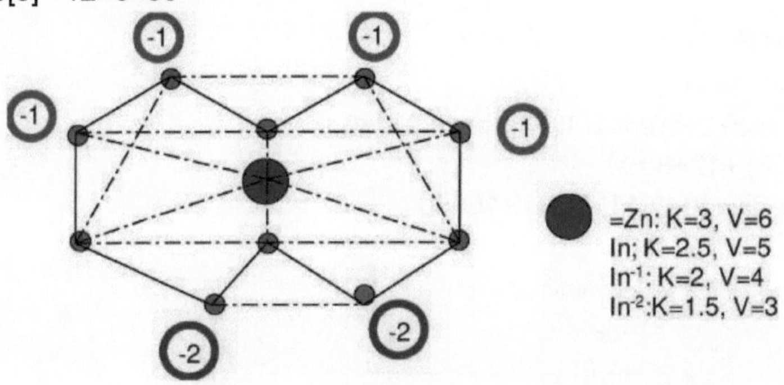

Estrutura isomérica do $In_{10}Zn^{8}$

Figura 85.

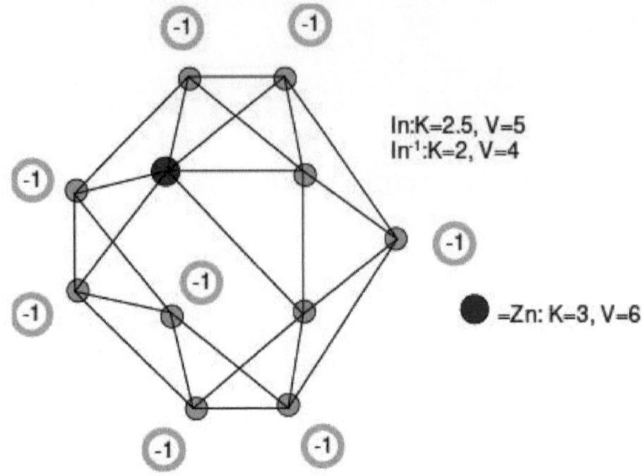

Estrutura isomérica do In10Zn^{8-}
Figura 86.

NII8. $F=In_{10}Zn^{8}_{-}$
K=10[2.5] +1[3] +8[-0.5] =24, n=11
K(n)=24(11)
24=11+13
K=2n+2
$K^{*}=C^{3}+D^{8}$
y=3, z=8, m=1
VE=2y+4z+2+10m=2[3] +4[8] +2+10=50
VF=10[3] +12+8=50
VE=8n-2K+10=8[11]-2[24] +10=50

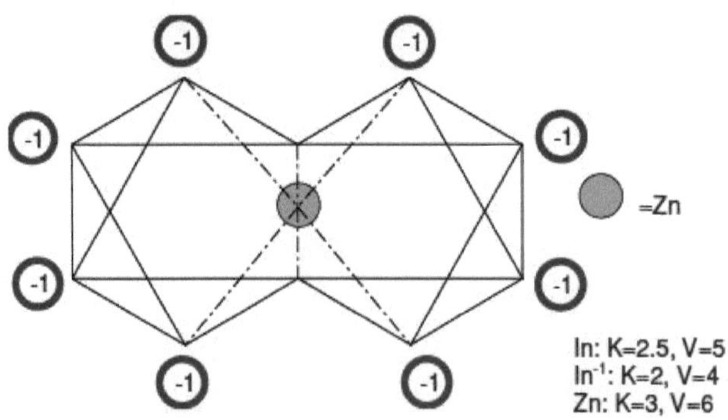

Estrutura isomérica do In10Zn8-
Figura 87.

S=4n-4

VE=4n-4+10=4[11]-4+10=50

Estrutura isomérica do $In_{10}Zn^{8-}$

NII9. F=Pt2(L)Sn9^{2-}

K=2[4] + 1[-1] +9[2] +2[-0.5] =24, n=11

K(n)=24(11)

24=11+13

K=2n+2

S=4n-4

$K^*=C^3{}_{+D8}$

y=3, z=8, m=2

VE=2y+4z+2+10m=2[3] +4[8] +2+10[2] =60

VF=2[10] +2+9[4] +2=60

VE=8n-2K+10m=8[11]-2[24] +20=60

S=4n-4

VE=4n-4+20=4[11]-4+20=60

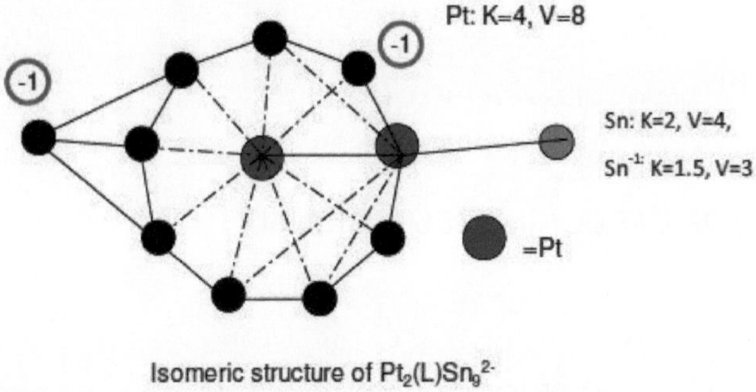

Estrutura isomérica de $Pt_2(L)Sn_9^{2-}$

Figura 88.

ANÁLOGO DE CARBONILO SELECCIONADO

S=4n-4

FC=14n-4

n=11

$F_{CO}=[Os(CO)_3](11)-2[CO]=Os_{11}(CO)_{31}$. Trata-se de um análogo carbonílico de ósmio da $Pt_2(L)Sn_9^{2-}$.

Nino. $Tl_8Cd_3{}^{10}{}_{-}$

K=8[2,5] +3[3] + 10[-0,5] =24, n=11

K(n)=24(11)

24=11+13

K=2n+2

S=4n-4

$K^*=C^3+D^8$

y=3, z=8, m=3

VE=2y+4z+2+10m=2[3] +4[8] +2+10[3] =70

VF=8[3] +3[12] +10=70

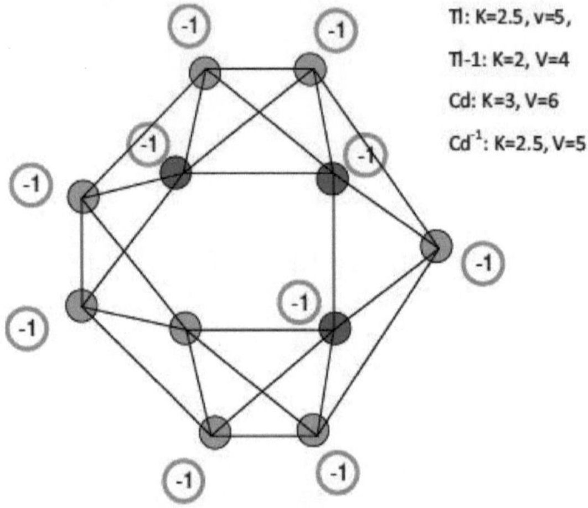

Isomeric structure of $F=Tl_8Cd_3^{10-}$

Figura 89.

ANÁLOGO DE CARBONILO SELECCIONADO

S=4n-4

S=14n-4

n=11

FCO= [Pd (CO)2] (11)-2[CO]=Pd11(CO)20

N1112. $F=In_{11}^{7-}$

K=11[2,5] +7[-0,5] =24, n=11

K(n)=24(11)

24=11+13

K=2n+2

$K^*=C^3+D^8$ y=3,z=8

VE=2y+4z+2=2[3] +4[8] +2=40

VF=11[3] +7=40

VE=8n-2K=8[11]-2[24] =40

S=4n-4

VE=4n-4=4[11]-4=40

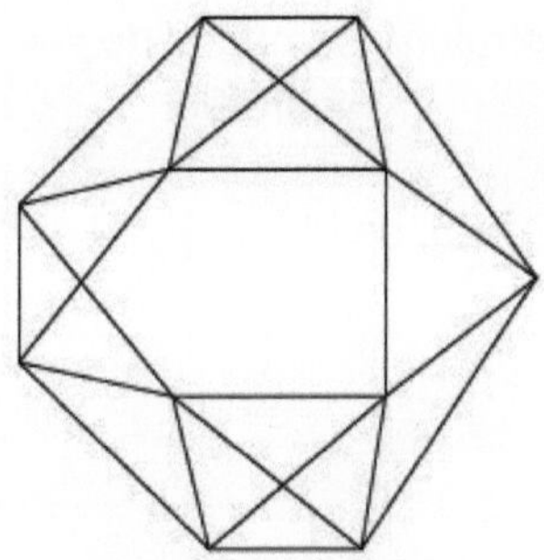

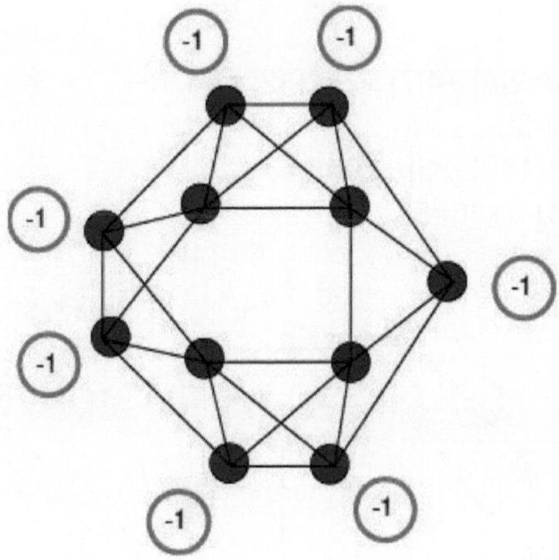
-1
-1
-1
-1
-1
-1
-1
-1

Estrutura isomérica de $F=In_{11}^{7-}$
Figura 90.

N1113. $F=Tl_9Au_2^{9-}$

K=9[2.5] +2[3.5] +9[-0.5] =25, n=11

K(n)=25(11)

25=11+14

K=2n+3

S=4n-6

$K^*=C4+D^7$

y=4, z=7, m=2

VE=2y+4z+2+10m=2[4] +4[7] +2+10[2] =58

VF=9[3] +2[11] +9=58

VE=8n-2K+10m=8[11]-2[25] +20=58

S=4n-6+10m=4[11]-6+20=58

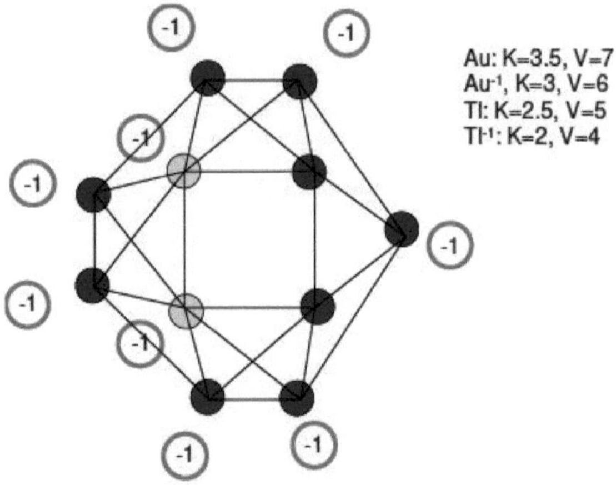

Estrutura isomérica de $F=Tl_9Au_2^{9-}$
Figura 91.

O ANÁLOGO DE CARBONILO

S=4n-6(n=11)

FCO=14n-6=[RhH(CO)2](11)-3CO=Rh11H(CO)24

SÉRIE Nı2

Nı2ı. $F=Ge_4As_8^{8-}$

K=4[2] +8[1.5] +8[-0.5] =16, n=12

K(n)=16(12)

16=12+4

K=2n-8

S=4n+16

VE=4n+16=4[12] +16=64
VF=4[4] +8[5] +8=64

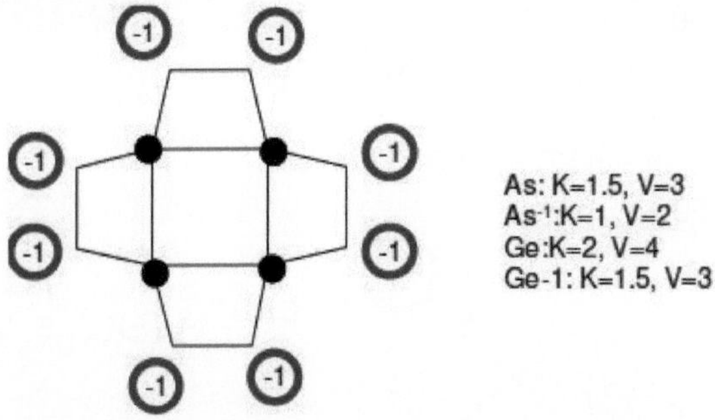

Estrutura isomérica do $Ge_4As_8^{8-}$
Figura 92.
$F=Sn_6[Cr(CO)_5]_6^{2-}$
K=6[2]+6[6-5]+2[-0,5]=17, n=12
K(n)=17(12)
17=12+5=11+6=6+5+6

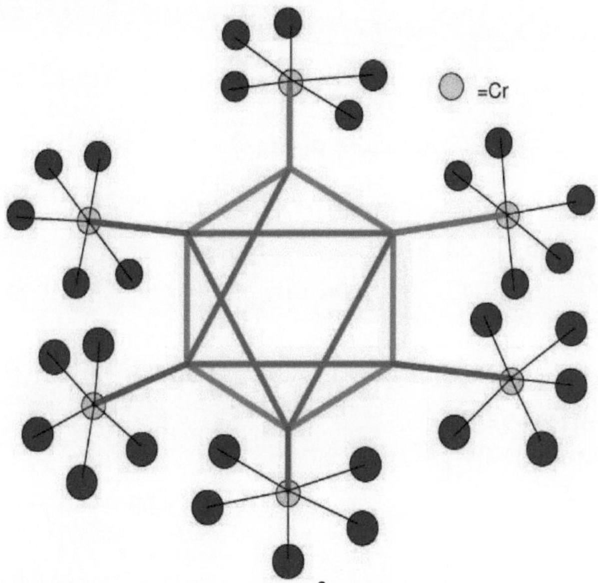

Estrutura isomérica do $Sn_6[Cr\ (CO)5]_6^{2-}$ Figura 93.
NI22. $F=Sn_{12}^{2-}$
K=12[2] +2[-0,5] =23, n=12
K(n)=23(12)
23=12+11

K=2n-1
S=4n+2(família próxima)
VE=4[12] +2=50
VE=8n-2K=8[12]-2[23] =50 $K^*=C^0+D^{12}$
y=0,z=12
VE=2y+4z+2=2[0] +4[12] +2=50
VF=12[4] +2=50

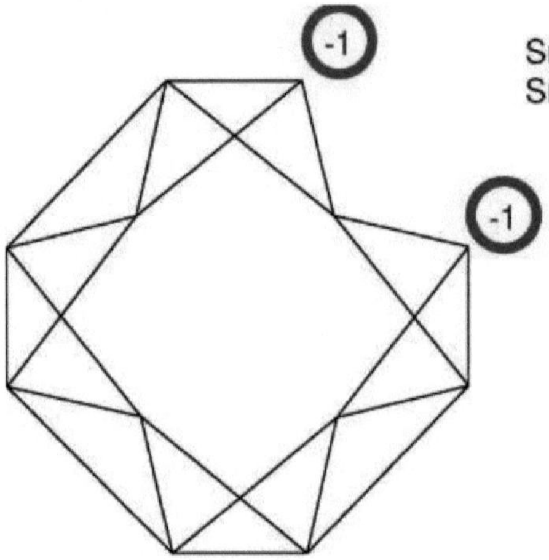

Sn:K=2, V=4
Sn^{-1}:K=1.5, V=3

Isomeric structure of Sn_{12}^{2-}

Figura 94.

N_{123}. $F=B_{12}H_{12}^{2-}$
K=12[2,5] +14[-0,5] =23, n=12
K(n)=23(12)
23=12+11
K=2n-1
S=4n+2
VE=4n+2=4[12] +2=50
VF=12[3] +14=50
B: K=2,5, V=5

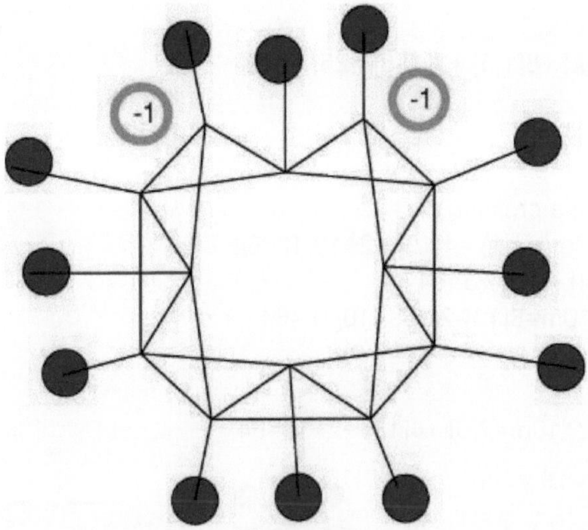

Figura 95.

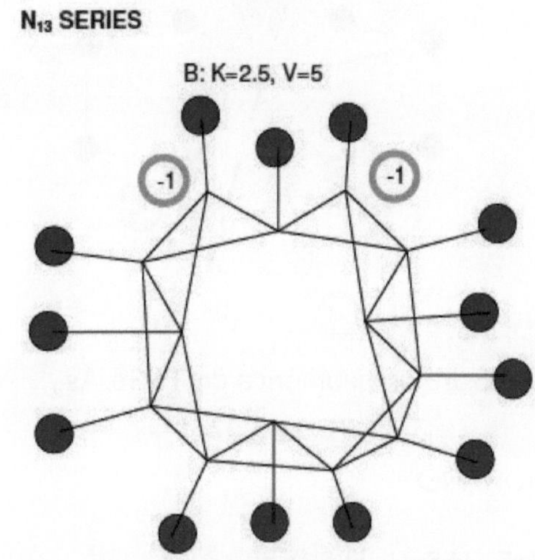

Estrutura isomérica do $B_{13}H_{13}^{2}$

Figura 96.

Ni3i. $F=TaGe_4As_8^{3-}$

K=1[6.5] +4[2] +8[1.5] +3[-0.5] =25, n=13

K(n)=25(13)

25=13+12

K=2n-1

S=4n+2(família próxima)

VE=4n+2+10m(m=1) =4[13] +2+10[1] =64

VF=1[5] +4[4] +8[5] +3=64

VE=8n-2K+10m=8[13]-2[25] +10[1] =64

$K^*=C^0+D^{13}$

y=0, z=13

VE=2y+4z+2+10m=2[0] +4[13] +2+10=64

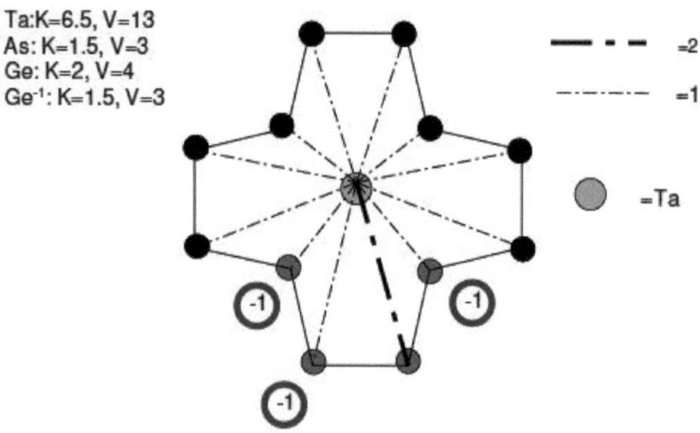

Estrutura isomérica do $TaGe_4As_8^{3}$

Figura 97.

ANÁLOGO DE BORANO

S=4n+2, n=13

$FB=[BH](13)+2H=B_{13}H_15=B_{13}H_13^{(2)}$·

Ni32. $F=Tl_{13}^{11}$-

K=13[2.5] +11 [-0.5] =27, 13

K(n)=27(13) 27=13+14

K=2n+1

$K^*=C^2+D^{11}$ y=2, z=11

VE=2y+4z+2=2[2] +4[11] +2=50

VE=8n-2K=8[13]-2[27] =50

S=4n-2

VE=4n-2=4[13]-2=50

VF=13[3] +11=50

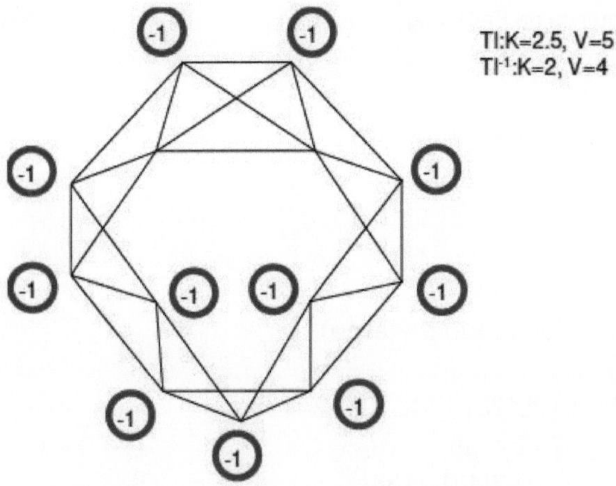

Estrutura isomérica do Tl_{13}^{11}' Figura 98.

. Ni33. F=$Tl_{12}Mg^{12}$-

K=12[2,5] +1[3] +12[-0,5] =27, n=13

K(n)=27(13)

27=13+14

K=2n+1

$K^*=C^2+D^{11}$

y=2, z=11

VE=2y+4z+2=2[2] +4[11] +2=50

VF=12[3] +12+12=50

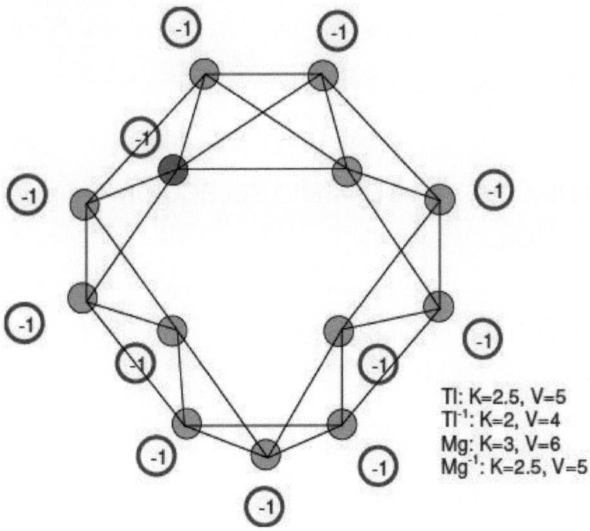

Estrutura isomérica de $F=Tl_{12}Mg^{12}$-

Figura 99.

N134. $F= Ti\ Au_{12}^{2-}$

K= [7] +12[3.5] +2[-0.5] =48, n=13

K(n)=48(13)

48=13+35

K=2n+22

S=4n-44

$K^{*}=C^{23}+D^{-10}$(aglomerado metálico)

y=23, z=-10

VE=12y+14z+2=12[23] +14[-10] +2=138

VF=1[4] +12[11] +2=138

VE=18n-2K=18[13]-2[48] =138

S=4n-44

VE=14n-44=14[13]-44=138

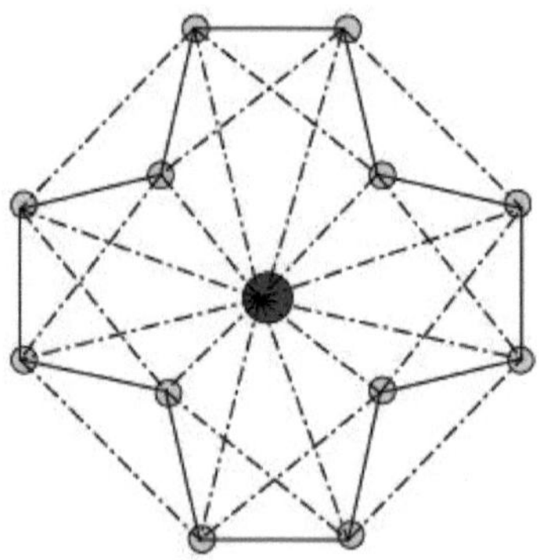

Estrutura isomérica do $T^{iAu}{}_{12}2$

Figura 100.

ANÁLOGO DE CLUSTER DE ÓSMIO SELECCIONADO

S=4n-44

n=13

FOs=14n-44

FOs=[Os(CO)3](13)-22[CO]$=Os_{13}(CO)_{17}$.

SÉRIE N15

N151. $F=ZnAs_{14}^{4-}$

K=1[3] +14[1.5] +4[-O.5] =22, n=15

K(n)=22(15)

22=15+7

K=2n-8

S=4n+16

VE=4n+16+10m(m=1) =4[15] +16+10=86

VF=1[12] +14[5] +4=86

VE=8n-2K+10m=8[15]-2[22] +10[1] =86

$K^{*}=C^{-7}+D^{22}$

y=-7, z=22, m=1

VE=2y+4z+2+10m=2[-7] +4[22] +2+10=86

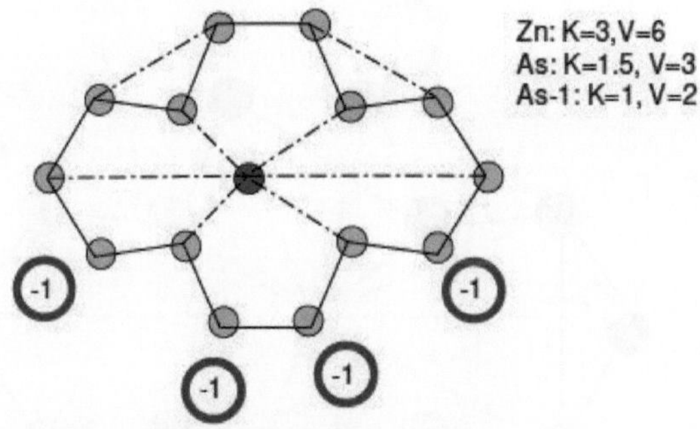

Estrutura isomérica do $ZnAs_{14}^{4-}$ Figura 101.

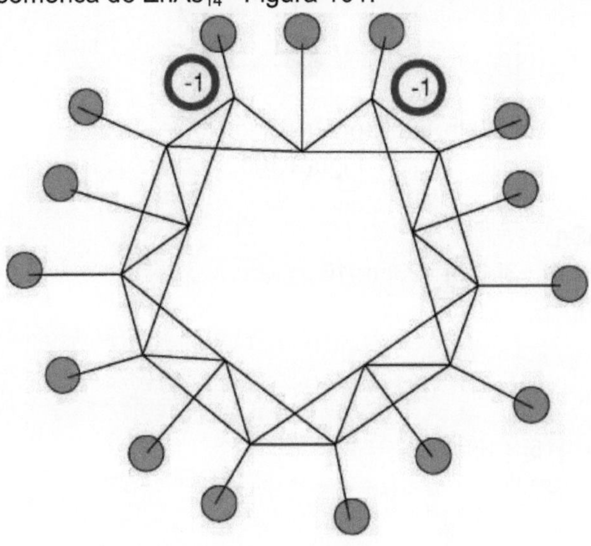

Estrutura isomérica do $B_{15}H_{15}^{2}$

Figura 102.

ANÁLOGO DE BORANO

S=4n+16, n=15

FB=[BH](15)+16H=B15H31

N_{152}. F=$NbGe_KAs_R^{3'}$

K=1[6,5] +6[2] +8[1,5] +3[-0,5] =29, n=15

K(n)=29(15)

29=15+14

K=2n-1

S=4n+2(família próxima)

VE=4n+2+10=4[15] +2+10=72

VF=1 [5]+6[4]+8[5]+3=72

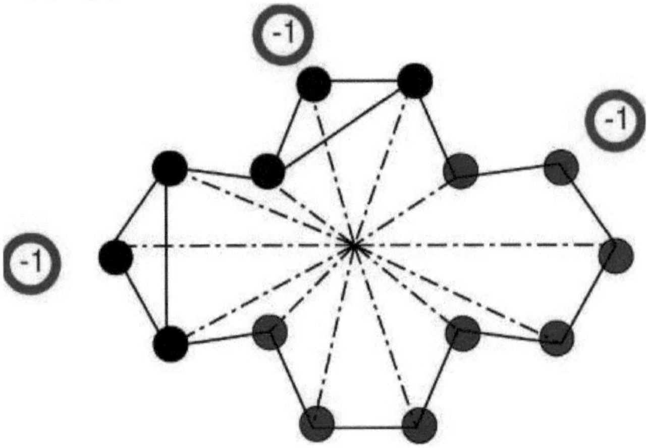

Estrutura isomérica do $NbGe_6As_8^3$

Figura 103.

SÉRIE $_{Ni6}$

$_{N161}$. F=$P15Sn^{3-}$

K=15[1.5] +1[2] +3[-0.5] =23, n=16

K(n)=23(16)

23=16+7

K=2n-9

S=4n+18

VE=4n+18=4[16] +18=82

VF=15[5] +4+3=82

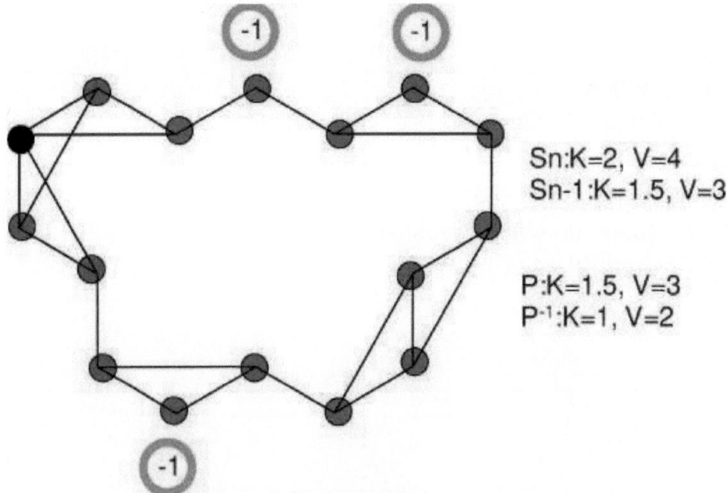

Estrutura isomérica de $P_{15}Sn^{3}$
Figura 104.

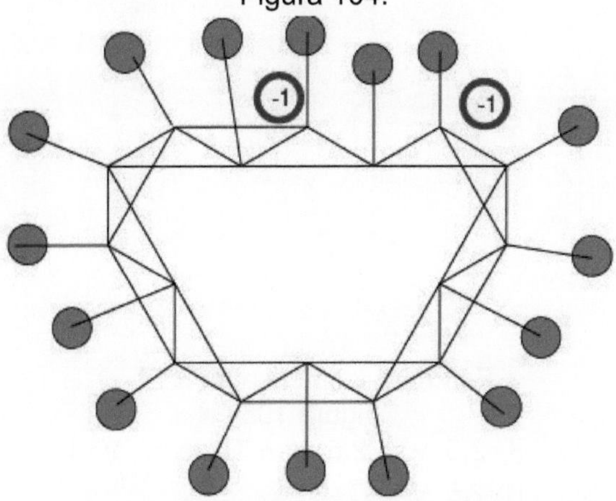

Estrutura isomérica de $B_{16}H_{16}^{2}$
Figura 105.

SÉRIE Nie

NI8I. Ge_{18}^{6-}

K=18[2] +6[-0,5] =33, n=18

K(n)=33(18)

33=18+15

33=16+1+16

18=9+9

15=7+1+7

K=2n-3

S=4n+6 (arachno)

VE=4n+6=4[18] +6=78

VF=18[4] +6=78

VE=8n-2K=8[18]-2[33] =78

$K^*=C^{-2}+D^{20}$(série do clã matryoshka) y=-2, z=20

VE=2y+4z+4=2[-2] +4[20] +2=78

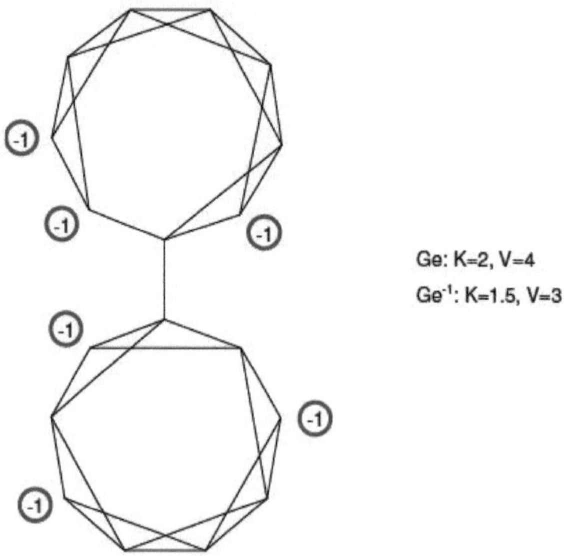

Estrutura isomérica do Ge_{18}^{6-}

Figura 106

Mg: K=3, V=6 Mg^{-1}: K=2.5, V=5 2.5, V=5 Tl^{-1}: K=2, V=4

Mg: K=3, V=6 Mg^{-1}: K=2.5, V=5

N182. F=$Ge_{16}Bi_2^{4-}$

K=16[2] +2[1.5] +4[-0.5] =33, n=18

K(n)=33(18)

33=18+15

K=2n-3

S=4n+6

VE=4n+6=4[18] +6=78

VF=16[4] +2[5] +4=78

VE=8n-2K=8[18]-2[33] =78

$K^*=C^{-2}+D^{20}$

y=-2, z=20

VE=2y+4z+2=2[-2] +4[20] +2=78

Ge: K=2, V=4

Ge-1: K=1,5, V=3

Bi: K=1,5, V=3

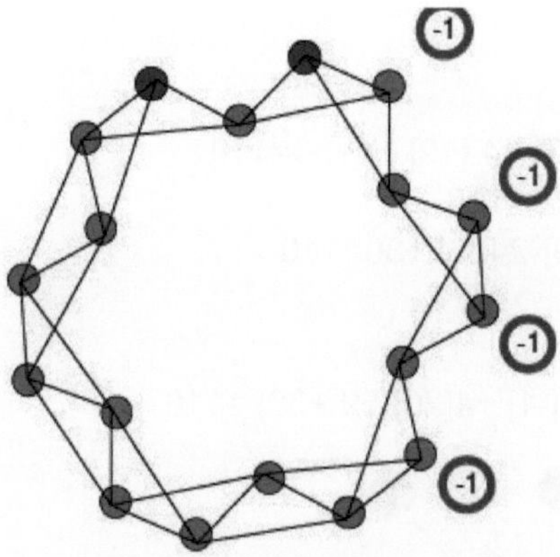

Estrutura isomérica do $Ge_{16}Bi_2^{4-}$

Figura 107.

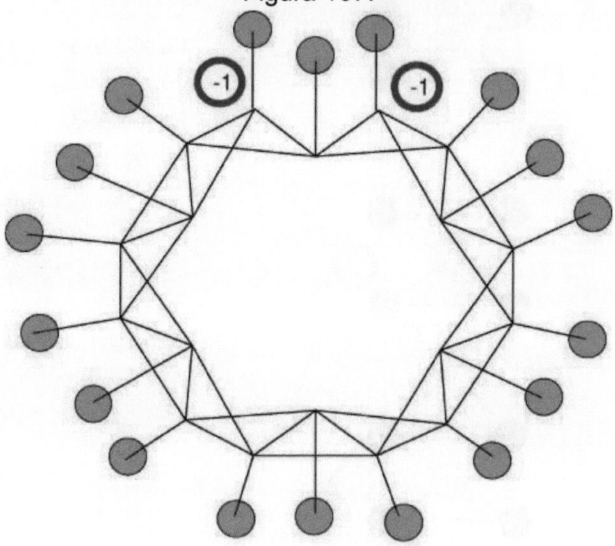

Isomeric structure of $B_{18}H_{18}^{2-}$

Figura 108.

SÉRIE NI9

NI9I. $F=Cd_3Pb_{16}^{10-}$

K=3[3] +16[2] +10 [-0,5] =36, n=19

K(n)=36(19)

36=19+17

K=2n-2

S=4n+4(família nido)

VE=4n+4+10m(m=3) =4 [19] +4+30=110

VF=3[12] +1 6[4] +10=110

VE=8n-2K+40=8[19]-2 [36] +30=110

$K^*=C^{-1}+D^{20}$

y=-1, z=20

VE=2y+4z+2+30=2[-1] +4[20] +2 +30] =110

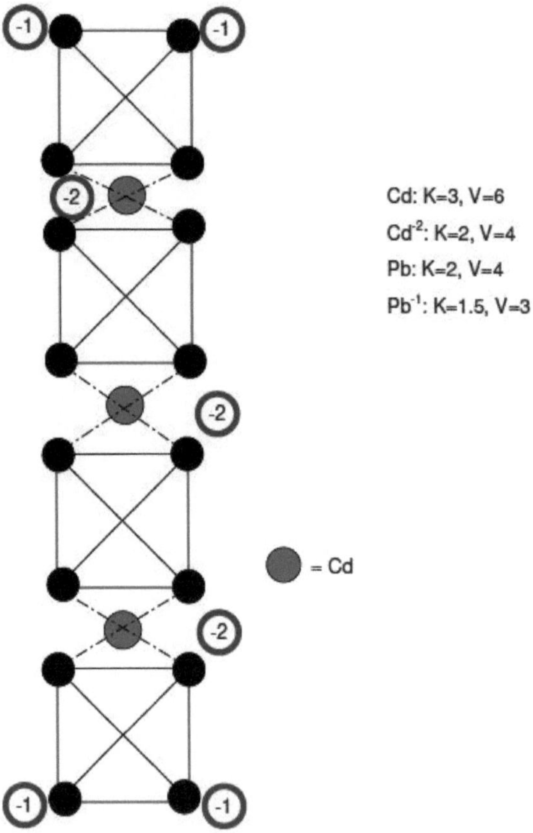

Figura 109.

ANÁLOGO DE BORANO

S=4n+4, n=19

FB=[BH](19)+4H=$B_{19}H_{13}$

N_{192}. F=$Ge_{18}In^{5\prime}$

K=18[2] +1 [2,5] +5 [-0,5] = 36, n=19

K(n)=36(19)

36=19+17

K=2n-2

S=4n+4(família nido)

VE=4n+4=4[19] +4=80

VE=18[4] +3+5=80

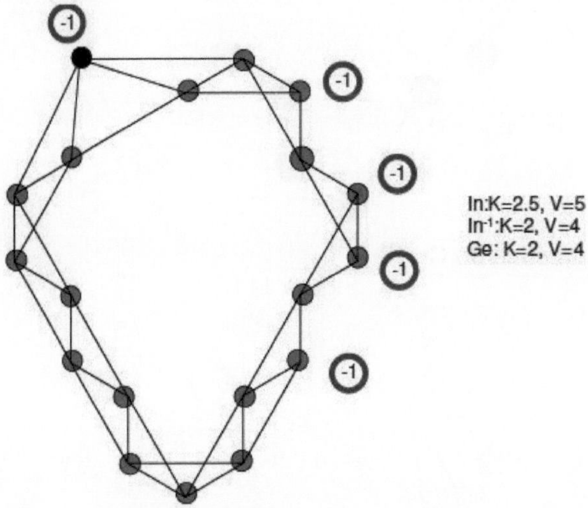

Estrutura isomérica do Gei_8In^5

Figura 110.

NI93. F=$Cd_3Pb_{16}{}^{10-}$

K=3[3] +16[2] +10[-0,5] =36, n=19

K(n)=36(19)

36=19+17

K=2n-2

S=4n+4

VE=4n+4+10m=4[19] +4+10[3] =110

VF=3[12] +16[4] +10=110

VE=8n-2K+10m=8[19]-2[36] +30=110

$K^*=C^{-1}+D^{20}$

y=-1, z=20, m=3

VE=2y+4z+2+10m=2[-1] +4[20] +2+30=110

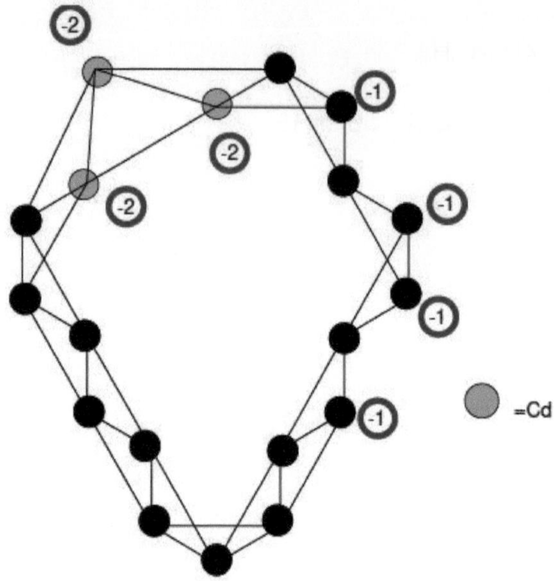

Estrutura isomérica do $Cd_3Pb_{16}^{10-}$

Figura 111.

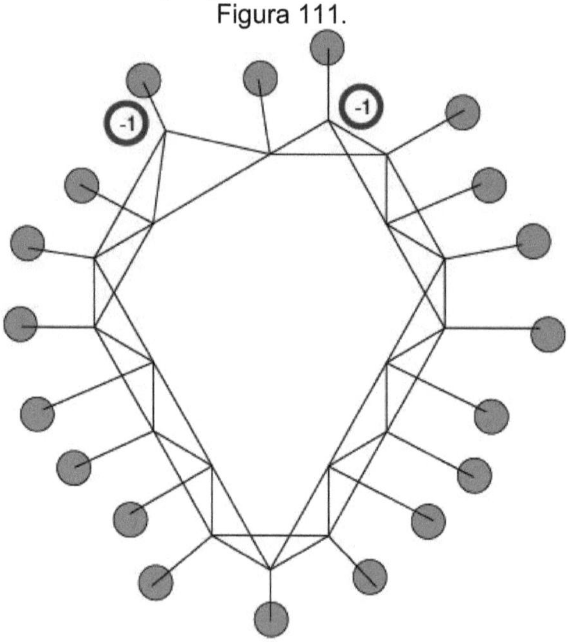

Estrutura isomérica do $B_{19}H_{19}^{2-}$

Figura 112.

N_{194}. F= $Ni_2Sn_{17}{}^{4}$-
K=2[4] +17[2] +4[-0.5] =40, η=19
K(η)=40(19)
40=19+21
K=2η+2
$K^*=C^3+D^{16}$
y=3, ζ=16, m=2
VE=2y+4z+2+10m=2[3] +4[16] +2+10[2]=92
VF=2[10] +17[4] +4=92
VE=8n-2K+20=8[19]-2[40] +20=92
S=4n-4
VE=4n-4+20=4[19]-4+20=92

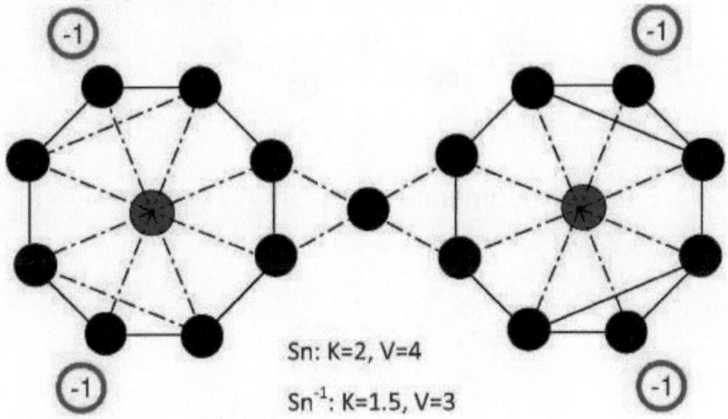

Estrutura isomérica do $Ni_2Sn_{17}{}^{4-}$ Figura 113.
N_{195}. F=$Pt_2Sn_{17}{}^{4'}$
K=2[4] +17[2] +4[-0,5] =40, n=19
K(n)=40(19)
40=19+21
K=2n+2
$K^*=C^3+D^{16}$
y=3, z=16, m=2
VE=2y+4z+2+10m=2[3] +4[16] +2+10[2]=92
VF=2[10] +17[4] +4=92
VE=8n-2K+20=8[19]-2[40] +20=92
S=4n-4
VE=4n-4+20=4[19]-4+20=92

Sn: K=2, V=4

Sn^{-1}: K=1.5, V=3

Pt: K=4, V=8

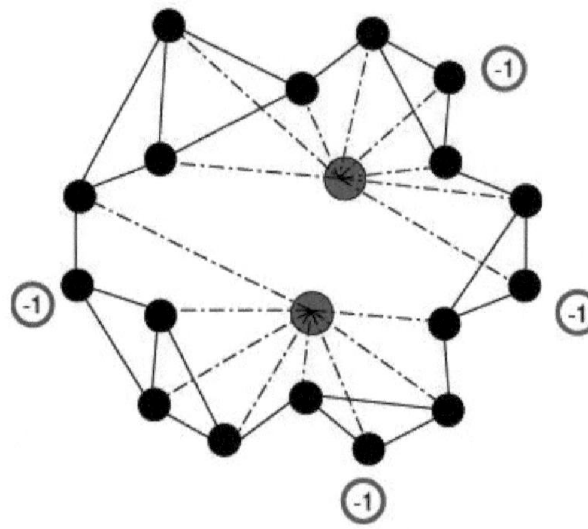

Estrutura isomérica de $Pt_2Sn_{17}^{4'}$ Figura 114.

N_{20} SERIES

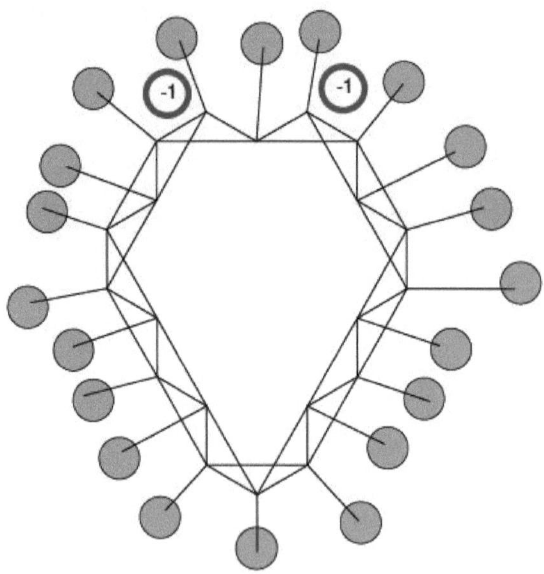

Estrutura isomérica do $B_{20}H_{20}^{2-}$

Figura 115.

N201. F=C_{2O}

K=2O[2] =40, n=20

K(n)=40(20)

40=20+20

K=2n+0

$K^{*}=C1+D^{19}$

y=1, z=19

VE=2y+4z+2=2[1] +4[19] +2=80

VF=2O[4] =80

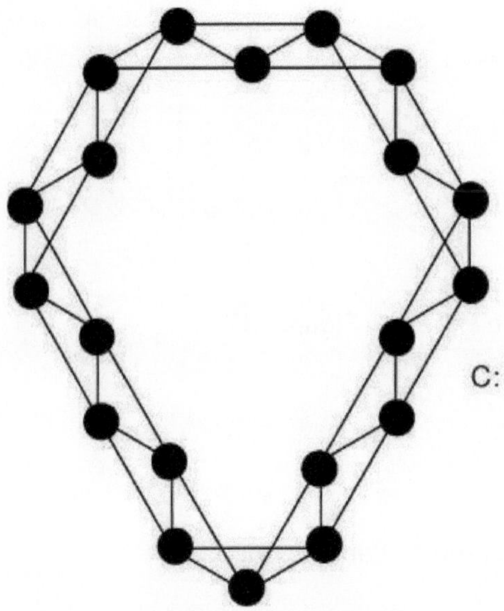

C: K=2, V=4

Estrutura isomérica do C_{20}

Figura 116.

N202. F=$Pd_2Sn_{18}^{4-}$

K=2[4] +18[2] +4[-0,5] =42, n=20

K(n)=42(20)

42=20+22

K=2n+2

$K^{*}=C^{3}+D^{17}$

y=3, z=17, m=2

VE=2y+4z+2+10m=2[3] +4[17] +2+10[2] =96

VF=2[10] +18[4] +4=96

VE=8n-2K+10m=8[20]-2[42] +20=96

S=4n-4+20=4[20]-4+20=96

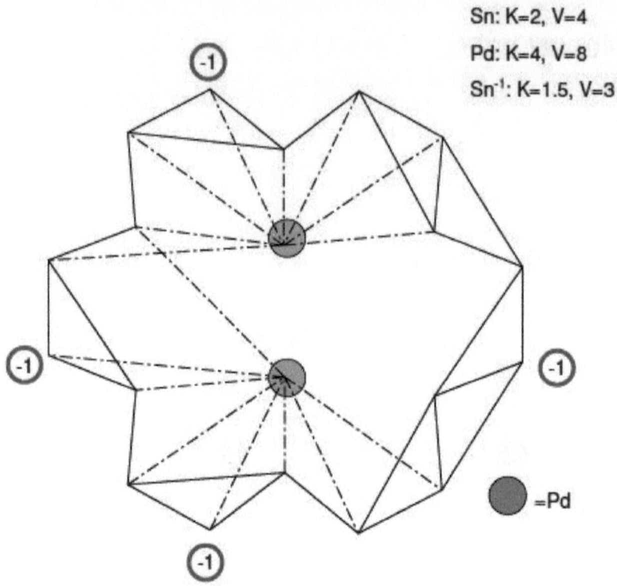

Estrutura isomérica de $Pd_2Sn_{18}^{4-}$ Figura 117.

N203- $F=Ti_8C_{12}$

K=8[7] +12[2] =80, n=20

K(n)=80(20)

80=20+60

K=2n+40

$K^*=C^{41}+D^{'21}$ (o aglomerado é altamente metálico)

y=41, z=-21, m=8

VE=2y+4z+2+10m=2[41] +4[-21] +2+10 [8]=80

VF=8[4] +12[4] =80

SUPERIOR À SÉRIE N20

NGI. $F=Ni_3Ge_{18}^{4-}$

K=3[4] +18[2] +4[-0,5] =46, n=21

K(n)=46(21)

46=21+25

K=2n+4

$K^*=C^5+D^{16}$

y=5, z=16, m=3

VE=2y+4z+2+10m=2[5] +4[16] +2+10[3] =106

VF=3[10] +18[4] +4=106

VE=8n-2K+10m=8[21]-2[46] +30=106

S=4n-8

VE=4n-8+30=4[21]-8+30=106

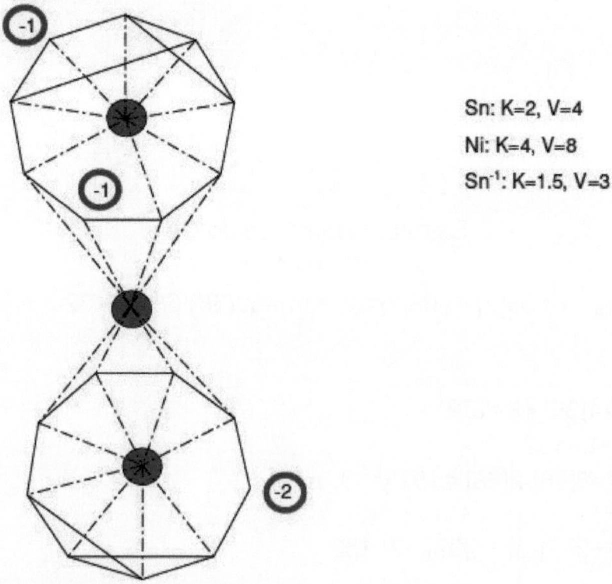

Estrutura isomérica do $Ni_3Ge_{18}^{4-}$

Figura 118.

Ge: K=2, V=4; Ge^{-1}: K=1,5, V=3

NG2. Ge_{27}^{6-}

K=27[2] +6 [-0,5] =51, n=27

K(n)=51(27)

51=27+24= {(9+7) +(1) +(9+7) +(1) +(9+8)}

K=2n-3

S=4n+6(arachno)

VE=4n+6=4 [27] +6=114

VF=27 [4] +6=114

VE=8n-2K=8[27]-2 [51] =114

$K^*=C^{-2}+D^{29}$

y=-2, z=29

VE=2y+4z+2=2[-2] +4 [29] +2=114

Ge: K=2, V=4

Ge^{-1}: K=1,5, V=3

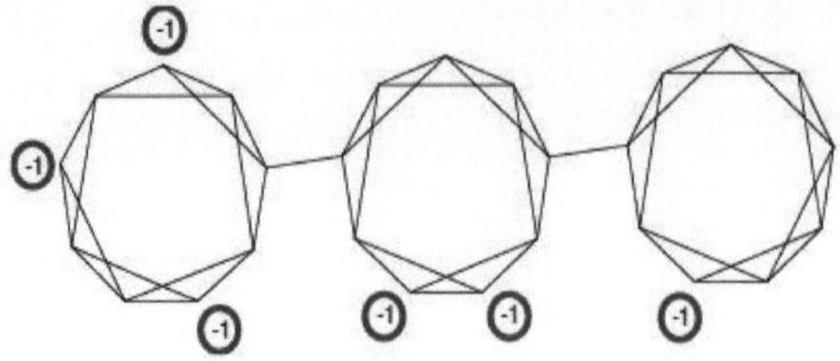

Estrutura isomérica do Ge_{27}^{6}

Figura 119.

NG3. $F=Ge_{36}^{8-}$ K=36[2]-4=68, n=36 K(n)=68(36) 68=36+32

K=2n-4

S=4n+8

VE=4n+8=4[36] +8=152

VF=36[4] +8=152

VE=8n-2K=8[36]-2[68] =152 y=-3, z=39

$K^{*}=C^{-3}+D^{39}$

VE=2y+4z+2=2[-3] +4[39] +2=152

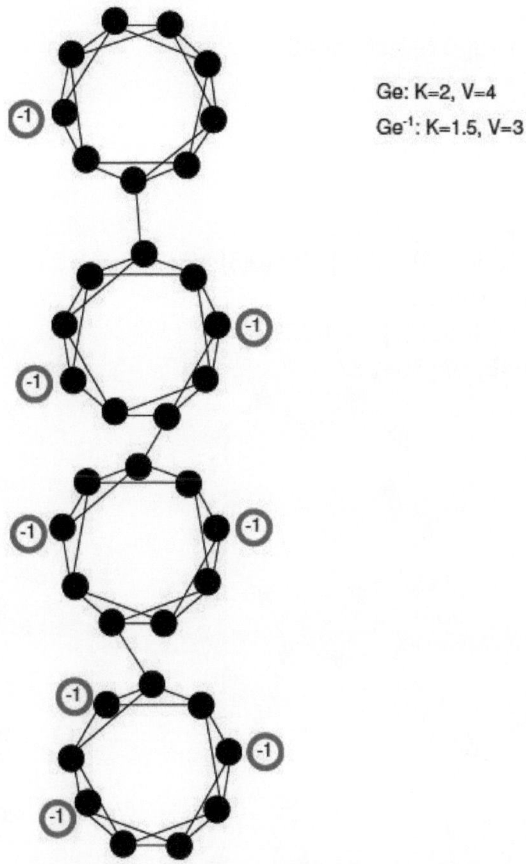

Figura 120. Estrutura isomérica do Ge_{36}^{8-}

NG4. $F=Si_{46}^{8-}$

K=46[2] +8[-0,5]=88, n=46

K(n)=88(46)

88=46+42

K=2n-4

S=4n+8

VE=4n+8=4[46] +8=192

VF=46[4] +8=192

VE=8n-2K=8[46]-2[88] =192

$K^*=C^{-3}+D^{49}$ y=-3, z=49

VE=2y+4z+2=2[-3] +4[49] +2=192

NG5. $F=Au_3Ge_{45}^{9-}$

K=3[3,5] +45[2] +9[-0,5] =96, n=48

K(n)=96(48)

96=48+48

K=2n+0

$K^*=C1+D^{47}$

y=1, z=47, m=3

VE=2y+4z+2+10m=2[1] +4[47] +2+10[3] =222

VF=3[11] +45[4] +9=222

VE=8n-2K+30=8[48]-2[96] +30=222

S=4n+0+30=4[48] +0+30=222

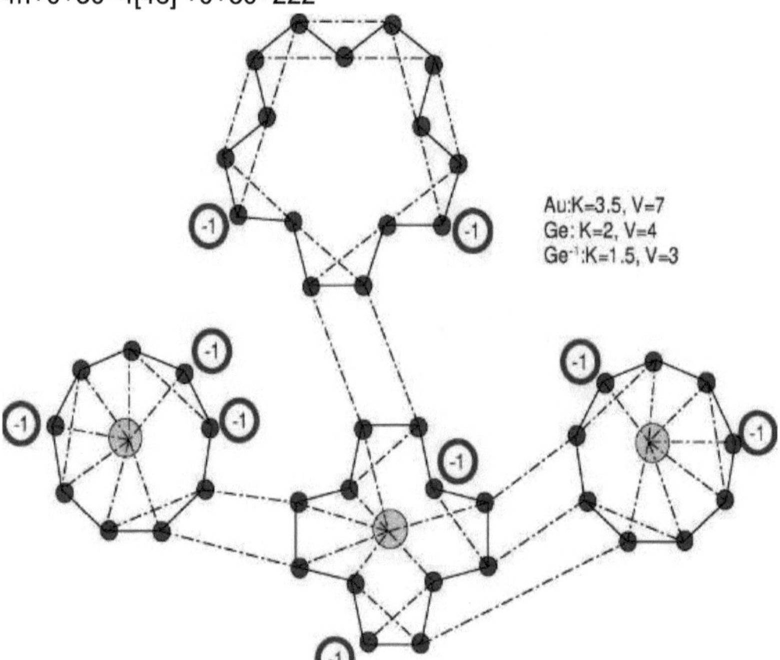

Estrutura isomérica de $Au_3Ge_{45}^{9-}$

Figura 121.

NG6. $F=NiIn_{10}Na_{36}In_{74}$

K=1[4] +84[2.5] +36[3.5] =340, n=121

K(n)=340(121)

340=121+219

K=2n+98

$K^*=C^{99}+D^{22}$

y=99, z=22, m=1

VE=2y+4z+2+10m=2[99] +4[22] +2+10[1] =298

VF=1[10] +84[3] +36[1] =298

NG7. $F=NiIn_{84}Na_{40}$

K=1[4] +84[2.5] +40[3.5] =354, n=125

K(n)=354(125)

354=125+229

K=2n+104

$K^{*}=C^{105}+D^{20}$

y=105, z=20, m=1

VE=2y+4z+2+10m=2[105] +4[20] +2+10[1] =302

VF=1[10] +84[3] +40=302

Ni: K=4, V=8

Em: K=2,5, V=5

Na: K=3,5, V=7

AGLOMERADOS ESPECIAIS DE ELEMENTOS DO GRUPO 13

Os elementos esqueléticos do Grupo 13 formam aglomerados únicos que parecem bastante intrigantes. Verificou-se que a abordagem da série 4N, que podemos designar por NOVA TEORIA DOS AGLOMERADOS, pode facilmente analisar e classificar esses aglomerados da mesma forma que o fez para aglomerados como os boranos, os carbonilos metálicos e os dourados. Isto é bem demonstrado por alguns exemplos selecionados de Sp-1 a Sp-6.

Sp-1. $F=B_8^{2-}$

K=8[2,5] +2[-0,5] =19, n=8

K(n)=19(8)

19=8+11

K=2n+3

$K^{*}=C^{4}+D^{4}$

y=4, z=4

VE=2y+4z+2=2[4] +4[4] +2=26

VF=8[3] +2=26

VE=8n-2K=8[8]-2[19] =26

S=4n-6

VE=4n-6=4[8]-6=26

B: K=2,5, V=5

B^{-1}: K=2, V=4

1

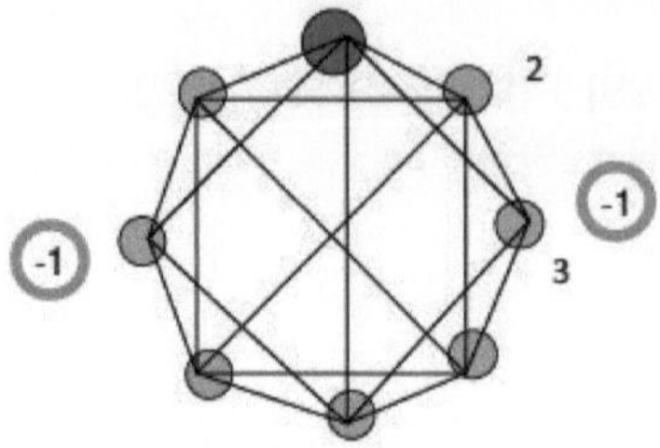

Estrutura isomérica do B_{8}^{2-}
Figura 122

Cada ponto nodal obedece à regra do octeto. Por exemplo, em [1], VE=1[3] +5[1] =8; em [2], VE=1[3] +5[1] =8 e em [3], VE=1[3] +4[1] +1=8. As ligações a um ponto nodal nos aglomerados são consideradas como doadores de electrões simples.

Sp-2. $F=Ga_9R_9$

F=9[2,5] +9[-0,5] =18, n=9

K(n)=18(9)

18=9+9

K=2n+0

$K^*=C1+D^8$

y=1,z=8

VE=2y+4z+2=2[1] +4[8] +2=36

VF=27+9=36

VE=8n-2K=8[9]-2[18] =36

S=4n+0

VE=4n+0=4[9] +0=36

Ga: K=2,5, V=5

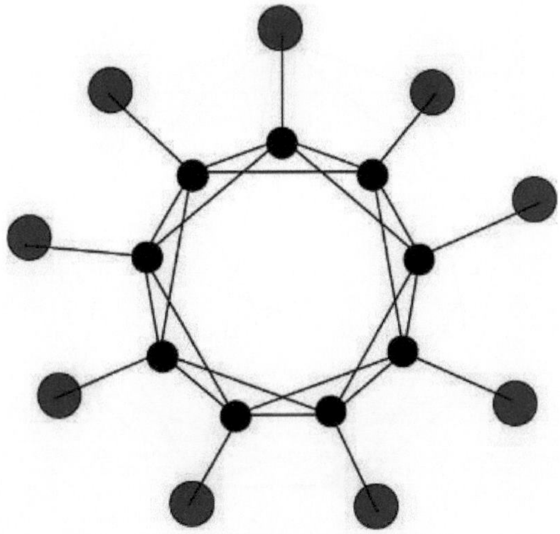

Estrutura isomérica do Ga_9R_9

Figura 123.

Cada ponto nodal obedece à regra do octeto, pois VE=1[3] +4[1] +1=8.

O ligando [R] é considerado como um único dador de electrões.

Sp-3. $F=B_9'^1$

K=9[2,5] +1 [-0,5] =22, n=9

K(n)=22(9) 22=9+13

K=2n+4

$K^*=C^5+D^4$

y=5,z=4

VE=2y+4z+2=2[5] +4[4] +2=28

VF=28

VE=8n-2K=8[9]-2[22] =28

S=4n-8

VE=4n-8=4[9]-8=28

B: K=2,5, V=5

B'^1: K=2, V=4

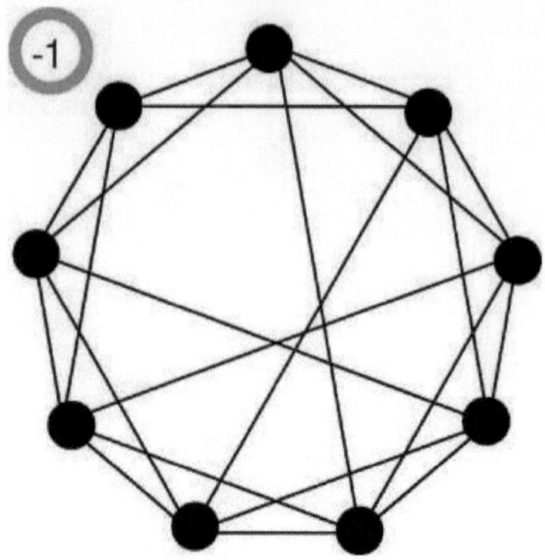

Estrutura isomérica do $B_9'^1$

Figura 124.

Sp-4. $F=Ga_{10}R_6$

K=10[2,5] +6[-0,5] =22, n=10

K(n)=22(10)

22=10+12

K=2n+2

K=C3+D7

y=3,z=7

VE=2y+4z+2=2[3] +4[7] +2=36

VF=36

VE=8n-2K=8[10]-2[22] =36

S=4n-4

VE=4n-4=4[10]-4=36

Ga: K=2,5, V=5

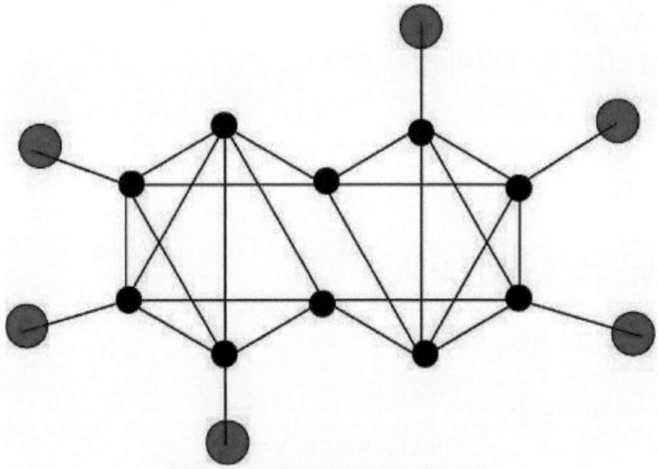

Estrutura isomérica do $Ga_{10}R_6$
Figura 125.

Sp-5. $F=Ga_{10}R_7^{+1}$

K=10[2,5] +7[-0,5] +1 [0,5] =22, n=10

K(n)=22(10)

22=10+12

K=2n+2

$K^*=C^3+D^7$

y=3,z=7

VE=2y+4z+2=2[3] +4[7] +2=36

VF=36

VE=8n-2K=8[10]-2[22] =36

S=4n-4

VE=4n-4=4[10]-4=36

Ga: K=2,5, V=5

Ga^{+1}:K=3, V=6

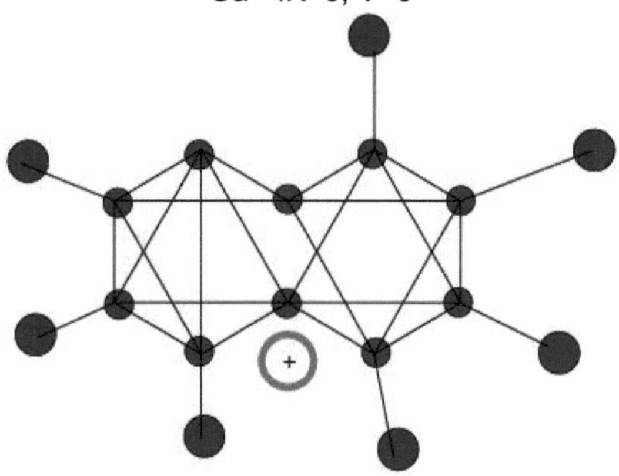

Estrutura isomérica do $Gai_0R_7^{+1}$

Figura 126.

Sp-6. $F=Al_{14}R_6I_6^{2-}$

K=14[2,5] +6[-0,5] +6[-0,5] +2[-0,5] =28, n=14

K(n)=28(14)

28=14+14

K=2n+0

$K^*=C^1+D^{13}$

y=1, z=13

VE=2y+4z+2=2[1] +4 [13] +2=56

VF=14[3] +6+6+2=56

VE=8n-2K=8[14]-2 [28] =56

VE=4n+0=4 [14] +0=56

28=14+14

Al: K=2,5, V=5

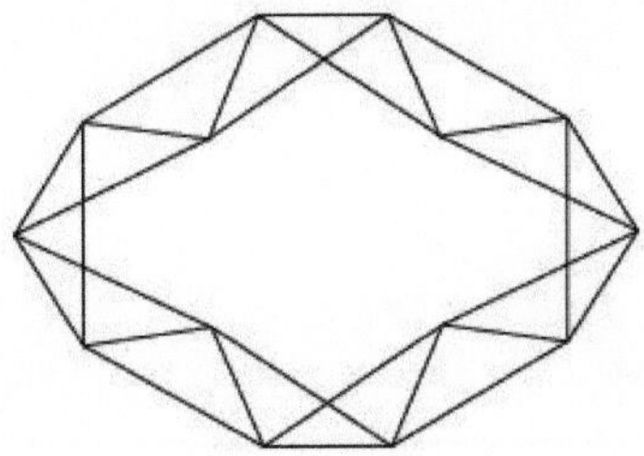

Al: K=2,5, V=5

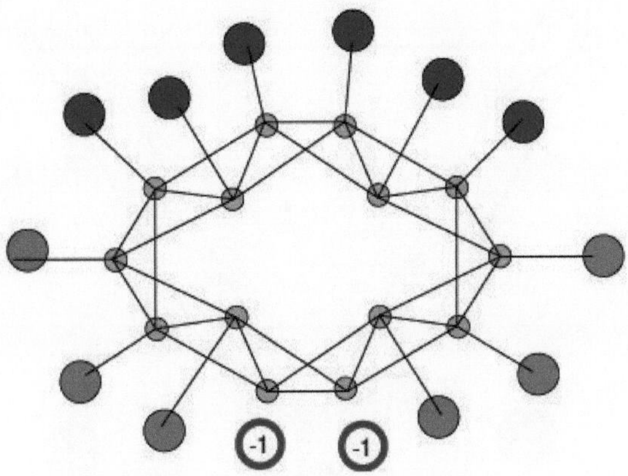

Estrutura isomérica do $Al_{14}R_6I_6^{2}$

Figura 127.

Sp-7. $F{=}Ga_{19}R_{6}^{-1}$

K=19[2.5] +6[-0.5] +1[-0.5] =44, n=19

K(n)=44(19)

44=19+25

K=2n+6

$K^*=C^7+D^{12}$

y=7, z=12

VE=2y+4z+2=2[7] +4[12] +2=64

VF=19[3] +6+1=64

VE=8n-2K=8[19]-2[44] =64

S=4n-12

VE=4n-12=4[19]-12=64

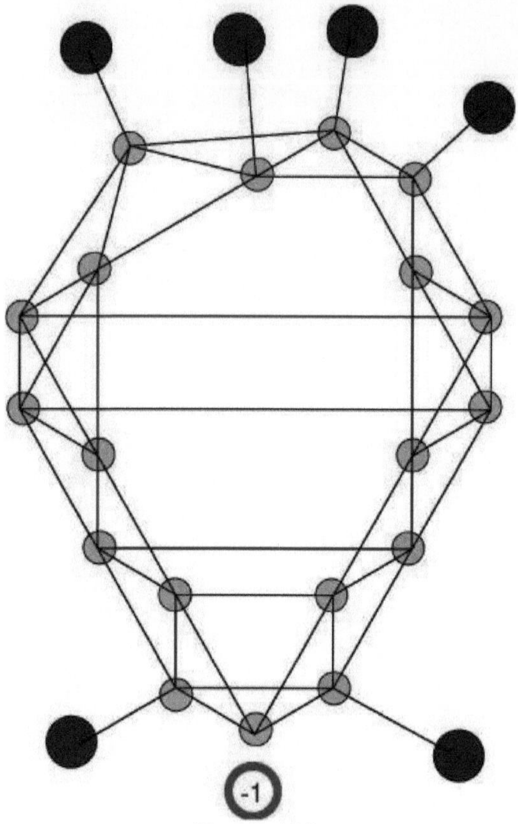

Figura 128.

$F=Rh_{14}(CO)_{26}^{2-}$

K=14[4,5] +26[-1] +2[-0,5] =36, n=14

K(n)=36(14)

36=14+22

K=2n+8

$K^{*}=C^{9}+D^{5}$

y=9, z=5

VE=12y+14z+2=12[9] +14[5] +2=180

VF=14[9] +26[2] +2=180

VE=18n-2K=18[14]-2[36] =180

S=4n-16

VE=14n-16=14[14]-16=180

Rh: K=4,5, V=9

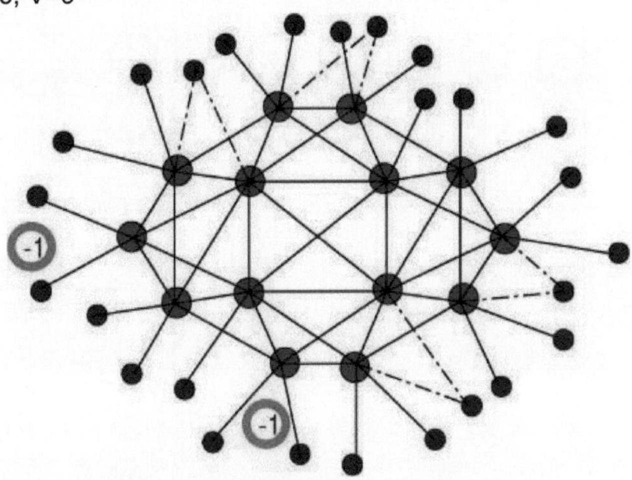

Estrutura isomérica do $Rh_{14}(CO)_{26}^{2-}$

Figura 129.

Aplicando o conceito de dupla cobertura, podemos construir a estrutura isomérica do cluster. Esta é mostrada na Figura 130.

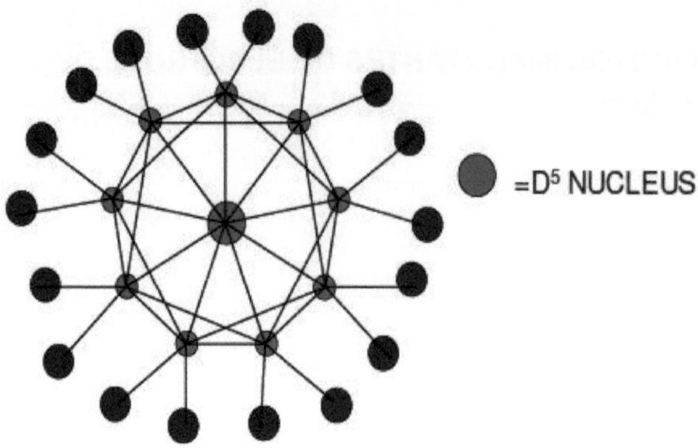

Estrutura isomérica do $Rh_{14}(CO)_{26}^{2-}$

Figura 130.

SET-1

SÉRIE DE FÓRMULAS DE AGRUPAMENTO: VF

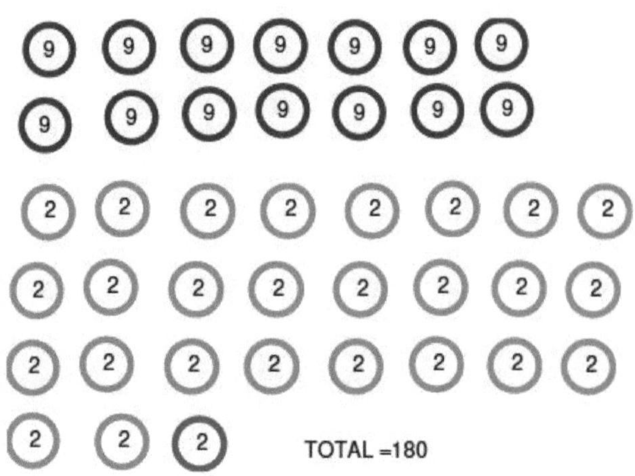

TOTAL =180

SET-1: Este é o método mais utilizado para calcular os electrões de valência dos clusters. Os restantes métodos, SET-2, SET-3 e SET-4, são métodos relativamente novos e menos comuns para calcular os electrões de valência dos agregados.

SET-2

SÉRIE 14n: VE=14n+q

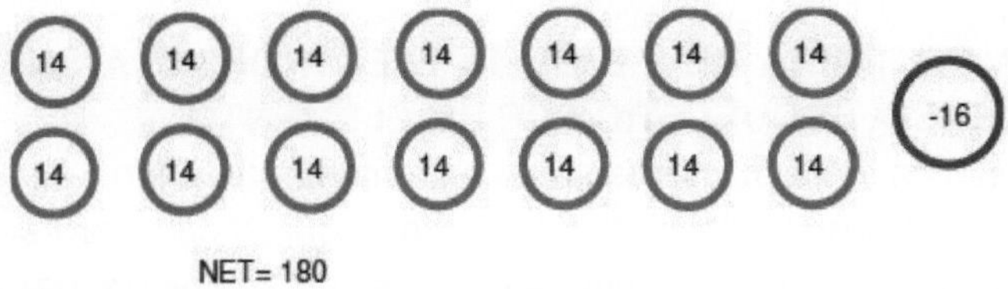

NET= 180

SET-3

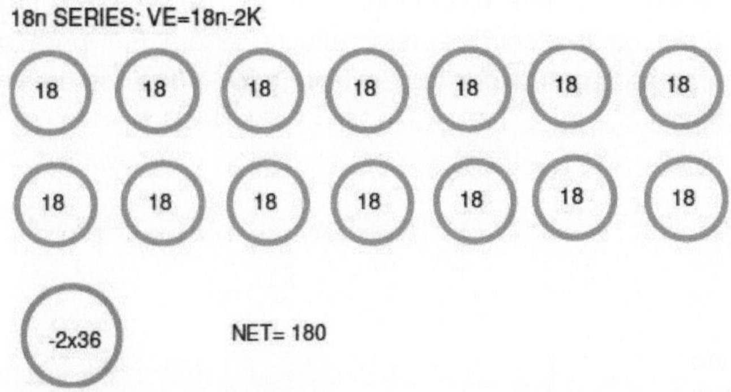

SET-4: VE=12y+14z+2

TEORIA DA DUPLA COBERTURA

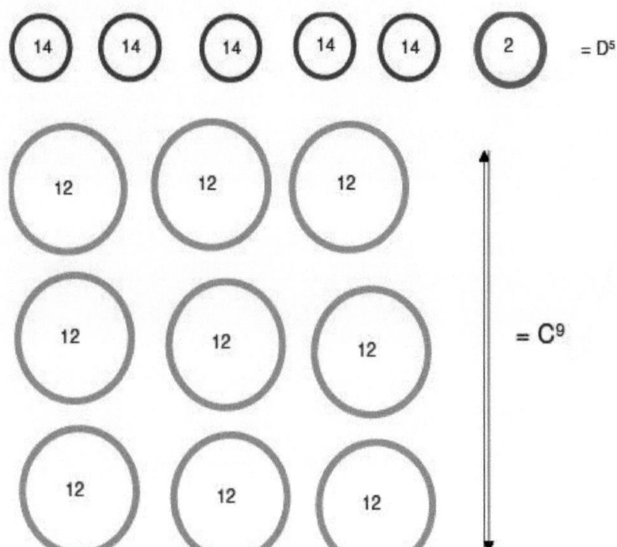

NET: $VE=C^9+D^5=180$

CAPÍTULO 5

AS REGRAS DA POTÊNCIA DE 8 E DE 18 ELECTRÕES E A SUA LIGAÇÃO À VALÊNCIA ESQUELÉTICA DE UM ELEMENTO

A valência esquelética de um elemento é extremamente importante. Para os elementos do grupo principal, a valência esquelética refere-se ao número de electrões que o elemento em questão necessita para atingir uma configuração de 8 electrões. No caso do [P], que tem um valor K de 1,5, a sua valência esquelética =3. Isto significa que necessita de 3 electrões ou electrondonores simples de ligação para atingir a configuração de 8 electrões. Isto reflecte-se em F-1 para o cluster P4, bem como para outros clusters selecionados indicados em F-2 a F-6.

F=P_4

K=4[1.5] =6, n=4

K(n)=6(4)

6=4+2

K=2n-2

S=4n+4(família nido)

VE=4n+4=4[4] +4=20

VF=20

P: K=1,5, V=3

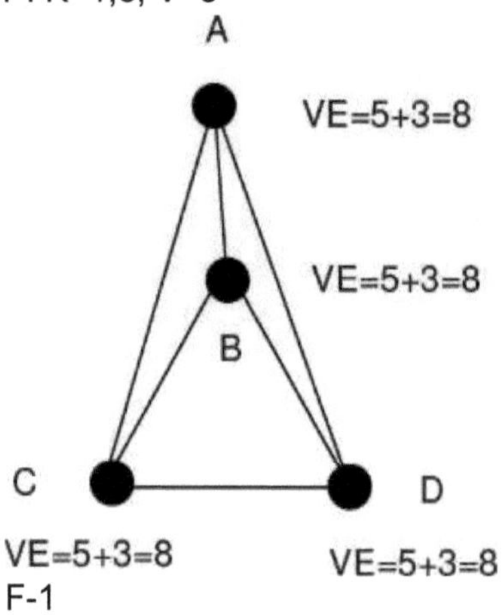

F-1

F=Pb_4^{4-}

K=4[2] +4[-0,5] =6, n=4

K(n)=6(4) 6=4+2

K=2n-2

S=4n+4(família nido)

VE=4n+4=4[4] +4=20
VF=20
Pb: K=2, V=4
Pb'^{1}: K=1,5, V=3

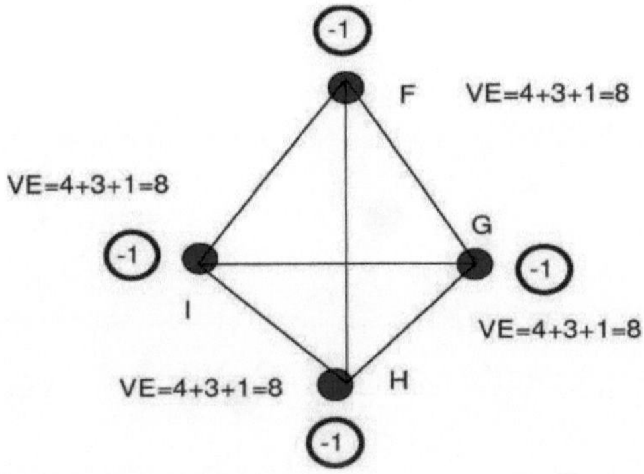

F = B_5H_9
K=5[2,5]+9[-0,5]=8, n=5
K(n)=8(5)
8=5+3
K=2n-2
S=4n+4(família nido)
VE=4n+4=4[5] +4=24
VF=15+9=24
B: K=2,5, V=5

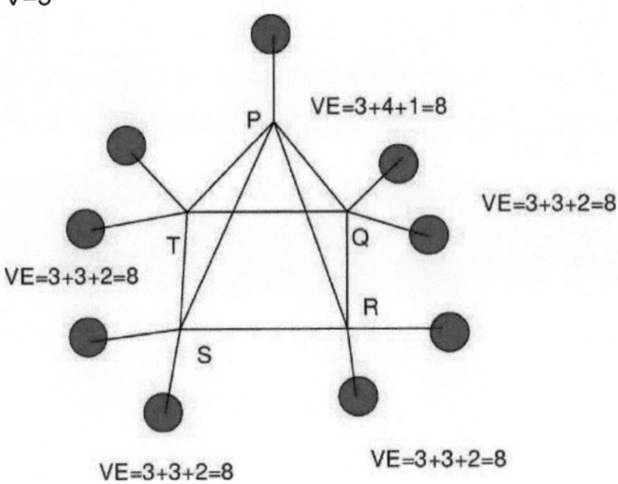

F=BL^{3+}
o
K=5[1,5] +3 [0,5] =9, η=5

K(η)=9(5)

9=5+4

K=2η-1

S=4n+2(família próxima)

VE=4n+2= 4[5] +2=22

VF=5[5]-3=22

Bi: K=1,5, V=3

Bi^{+1}:K=2, V=4

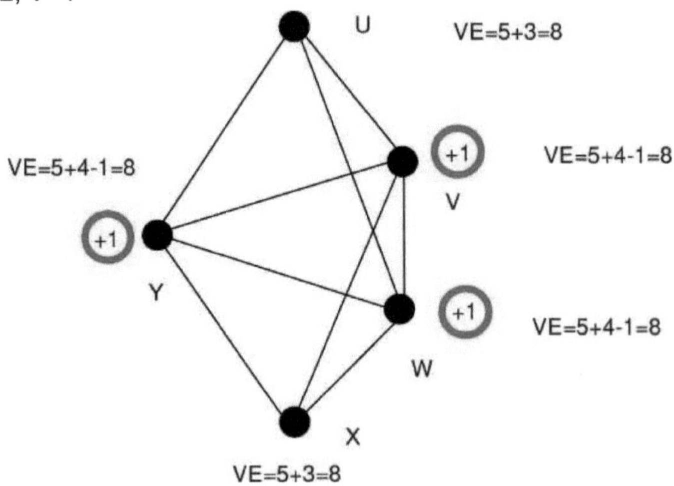

F=$Ir_4(CO)_{12}$

K=4[4.5] +12[-1] =6, n=4

K(n)=6(4)

6=4+2

K=2n-2

S=4n+4(família nido)

VE=14n+4=14[4] +4=60

VF=4[9] +12[2] =60

Ir: K=4,5, V=9

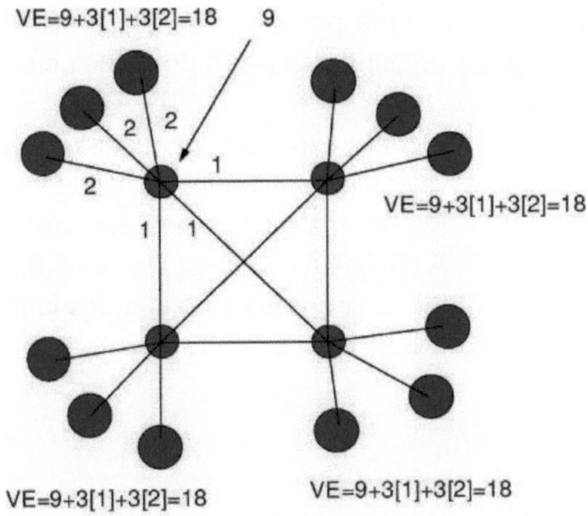

F-5

F=$Fe_5(C)(CO)_{15}$
K=5[5]+1[-2]+15[-1]=8, n=5
K(n)=8(5)
8=5+3
K=2n-2
S=4n+4(família nido)
VE=14n+4=14[5] +4=74
VF=5[8] +4+30=74

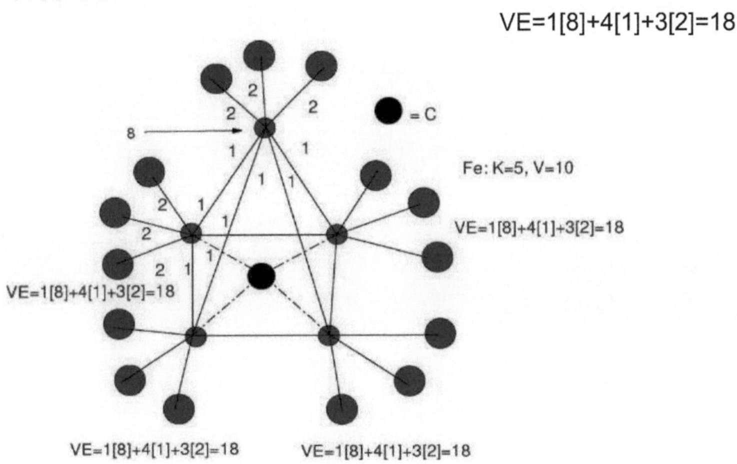

F-6

O parâmetro K(n), derivado da fórmula de um aglomerado, significa que o aglomerado tem K ligações esqueléticas que têm de ser distribuídas por n elementos esqueléticos, de modo a que a regra dos 8 electrões e a valência esquelética de cada ponto nodal sejam respeitadas no caso dos elementos do grupo principal e a regra dos 18 electrões no caso dos metais de transição.

O parâmetro K(n) actua como um guia na construção de estruturas isoméricas, enquanto a valência esquelética nos orienta na distribuição dos ligandos em torno dos pontos nodais dos elementos esqueléticos. De acordo com a NOVA TEORIA DOS CLUSTERES, na medida do possível, os clusters tendem a seguir estes princípios fundamentais.

CAPÍTULO 6

UM MODELO HIPOTÉTICO DE DISTRIBUIÇÃO DE VALÊNCIA DE ELECTRÕES EM TORNO DE UM PONTO NODAL.

Um ponto nodal pode ser considerado como um ponto de convergência de electrões de valência do elemento esquelético nesse ponto nodal, e as ligações de electrões simples convergentes da estrutura esquelética e dos ligandos dadores externos. A soma destes electrões no ponto nodal será igual a 8 para o elemento do grupo principal, enquanto que no caso de elementos esqueléticos de metais de transição, a soma será igual a 18. Este conceito está resumido na Figura 131.

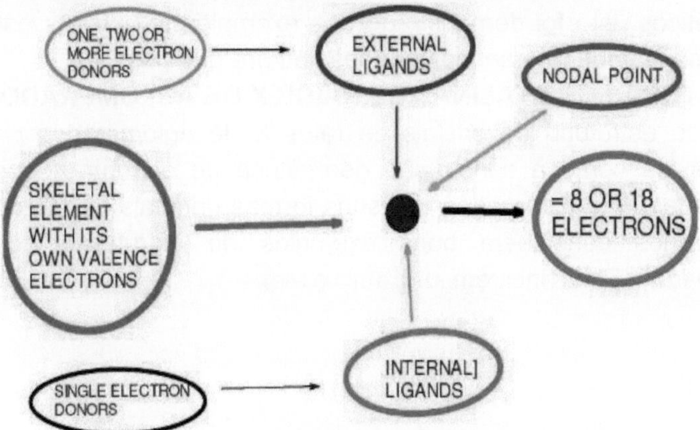

MODELO HIPOTÉTICO DE VALÊNCIA ESQUELÉTICA

Figura 131.

CAPÍTULO 7

DISTRIBUIÇÕES DE CARGA E DE LIGANDOS

A valência esquelética do elemento esquelético nodal é extremamente útil na construção das estruturas isoméricas dos aglomerados, incluindo os aglomerados de iões Zintl. Além disso, a distribuição do ligante e da carga em cada ponto nodal é grandemente influenciada pela valência esquelética desse ponto nodal.

CATEGORIZAÇÃO DE AGLOMERADOS GIGANTES

Os aglomerados gigantes de elementos de transição ou do grupo principal podem ser facilmente categorizados utilizando números esqueléticos. Isto foi demonstrado nos exemplos NG1-NG7. As estruturas isoméricas também foram construídas sempre que possível.

ESTRUTURAS CRISTALINAS DE RAIOS X DE AGLOMERADOS

A análise estrutural de cristais de raios X de aglomerados pode ser considerada como a construção geométrica de estruturas isoméricas observadas de aglomerados nas suas formas originais ou rearranjadas. Os boranos constituem bons exemplos de estruturas isoméricas reordenadas. Estes incluem B_2H_6, B_4H_{10} e B_5H_9.

CONCLUSÃO

O parâmetro K(n) desempenha um papel significativo na categorização dos grupos de iões Zintl. As estruturas isoméricas de natureza pequena a média podem ser construídas e as distribuições de carga dos iões Zintl correspondentes podem ser facilmente efectuadas. Os números esqueléticos dos elementos estão interligados com os números atómicos correspondentes. São extremamente úteis, juntamente com os dos ligandos, se existirem, na decomposição de um aglomerado para gerar um número numérico inteiro de aglomerado K, que também é muito útil na extração dos electrões de valência do aglomerado, VE e na construção de estruturas isoméricas relevantes dos aglomerados.

AGRADECIMENTOS

Gostaria de agradecer à Autoridade Nacional de Planeamento e ao Governo do Uganda por me proporcionarem um ambiente propício à conclusão deste trabalho sobre a NOVA TEORIA DE CLUSTERES de aglomerados químicos. Gostaria também de agradecer a Turigye Micheal pela sua ajuda na edição do meu trabalho.

REFERÊNCIAS

Teo, B. K., Longoni, G., & Chung, F. R. K. (1984). Aplicações da Teoria Topológica de Contagem de Electrões a Aglomerados de Metais Poliédricos. *Inorg. Chem., 23*(9), 1257-1266.

Catherine Housecroft. E., & Sharpe, A. G. (2005). *Inorganic Chemistry, 2nd Ed.*, Pearson, Prentice Hall, Harlow, Inglaterra.

Hughes, H.K., &Wade, K.; Coord. *Chem. Rev., 197*, 191(2000).

Ciabatti, I. Nanoclusters homo e heterometálicos de carbonila. Tese de Doutorado, 2015.

THOMAS P. FEHLNER, JEAN-FRANCOIS HALET, JEAN-YVES SAILLARD, AGLOMERADOS MOLECULARES (2007)

ISBN-13 978-0-521-85236-4 capa dura ISBN-10 0-521-85236-6 capa dura Konishi, Structure and Bonding, 161, 49-86 https://doi.org/10.1007/430_2014_143

Mingos, D. M. P. (1984). Compostos de Aglomerados de Ouro: Serão eles materiais em miniatura? *Gold Bull, 17(1),* 5-12.

Rossi, F., & Zanello, P. (2011). Atividade de reservatório de elétrons de clusters de carbonila de metais de transição de alta nuclearidade. *Portugalia, Electrochimica Ata, 29*(1), 309-327.

Slavi C. Sevov, Zintl Phases, Compostos Intermetálicos: Vol. 3, Principles and Practice. Editado por H. Westbrook e R. L. Fleischer. (2002) John Wiley & Sons, Ltd.

Gimeno, M. C., The Chemistry of Gold in Modern Supramolecular Gold Chemistry: Gold-Metal Interactions and Applications, Edited, Laguna, A., Wiley-VCH, 2008.

Alexandrova, A. N., Boldyrev, A. I., Zhai, H., Wang, L. (2006). All-Boron Clusters as potential new inorganic ligands and building blocks in chemistry. *Coord. Chem. Rev. 250*, 2811-2866.

Kiremire, E. M. R. (2016). Um modelo hipotético para a formação de clusters de carbonila de metal de transição com base em números esqueléticos da série 4n. *Int. J. Chem., 8*(4), 78-110.

Kiremire, E. M. R. (2016). Clusters de carbonila subterrâneos incomuns de paládio. *Int. J. Chem., 8*(1), 145-158.

Kiremire, E. M.(2014). Sequência Numérica da Série Borano. *Orient. J. Chem., 30(3),* 1055.

Kiremire, E. M.(2015). Categorização e Determinação Estrutural de Clusters Carbonílicos Simples e Mais Complexos de Rénio e Ósmio Utilizando valores de k e a Tabela de Clusters. *Orient. J. Chem. 31(1),* 293-302.

Kiremire, E. M. (2015) Classificação de aglomerados de carbonilo de metais de transição utilizando a regra 14n derivada da teoria dos números. *Orient. J. Chem. 31(2),* 605-618

Kiremire, E. M.(2015). Categorização e Determinação Estrutural de Clusters Carbonílicos Simples e Mais Complexos de Rénio e Ósmio Utilizando valores de k e a Tabela de Clusters. *Orient. J. Chem. 31(1),* 293-302.

Xiaoming Huang, Jijun Zhao, Yan Su, Zhongfang Chen e R. Bruce King. Projeto de Clusters de Matryoshka Icosaédricos de Três Conchas $A@B_{12}@A_{20}$ (A = Sn, Pb; B = Mg, Zn, Cd, Mn) (2014).

Scharfe, S., Fässler, T., F.(2010). Aglomerados poliédricos de nove átomos de elementos tetrais e derivados intermetaloidais. Phil.Trans. R. Soc. A, 12651285.

CONSTANTIN ROMANESCU, TIMUR R. GALEEV, WEI-LI LI, ALEXANDER I. BOLDYREV, AND LAI-SHENG WANG, Transition-MetalCentered Monocyclic Boron Wheel Clusters: Uma Nova Classe de Compostos Borometálicos Aromáticos, Contas de Pesquisa Química (2012)

Uma Nova Abordagem à Teoria dos Aglomerados Químicos (Brochura).
Enos Kiremire
Publicado por LAP Lambert Academic Publishing, Alemanha (2019)
ISBN 10: 6202079010 ISBN 13: 9786202079013

BORANOS E A VALÊNCIA ESQUELÉTICA DE CINCO. (978-620-078774)
Enos Kiremire

Os elementos do grupo principal e dos metais de transição: E seus Aglomerados Obedecem ao Princípio da Série S=4n+q e seus Números Esqueléticos (Brochura).
Enos Kiremire
Publicado por LAP Lambert Academic Publishing, Alemanha (2020)
ISBN 10: 620252605X
ISBN 13:9786202526050

Ordem dos Aglomerados Químicos: Números Esqueléticos e Árvores de Aglomerados (Brochura)
Enos Kiremire
Publicado por LAP Lambert Academic Publishing, Alemanha (2019)
ISBN 10: 6139898943
ISBN 13: 9786139898947

Uma teoria simples dos grafos de Zintl e Matryoshka Clusters (Brochura)

Enos Kiremire
Prosta teoria graficzna klastrów Zintl i Matryoshka (Brochura), (Edição polaca).
Enos Kiremire
Una semplice teoria dei grafici dei cluster Zintl e Matryoshka (italiano Edition).
Enos Kiremire
Uma teoria simples dos grafos de Zintl e Matryoshka Clusters (Brochura)
Enos Kiremire
Publicado por LAP Lambert Academic Publishing, Alemanha (2019)
ISBN 10: 6139446465
ISBN 13: 9786139446469
Uma teoria gráfica simples de Zintl e Matryoshka Clusters (Portuguese Edition).
Enos Kiremire
Categorização de aglomerados de carbonilo (Brochura). Edição holandesa.
Enos Kiremire
Publicado por KS Omniscriptum Publishing, Estados Unidos (2020)
ISBN 10: 6200593647
ISBN 13: 9786200593641
A Teoria da Cobertura de Aglomerados Químicos: Baseada na Série 12N/14N (Paperback).
Enos Kiremire
Publicado por LAP Lambert Academic Publishing, Alemanha (2019)
ISBN 10: 6139985595
ISBN 13: 9786139985593
Categorização de aglomerados de carbonilo: Análise de overgangsmetaalcarbonylclusters met behulp van skeletnummers (Dutch Edition)
Enos Kiremire
Categorização dos Clusters de Carbonil: Análise de Clusters de Carbonilo de Transição de Metal Usando Números Esqueletais (Paperback). (Portuguese Edition).
Enos Kiremire
Análise de aglomerados de carbonilo de metais de transição utilizando números esqueléticos
(Brochura) **Enos Kiremire**
Publicado por LAP Lambert Academic Publishing, N/A (2019)

ISBN 10: 6200006202
ISBN 13: 9786200006202

Enos Kiremire

Categorias de produtos para a indústria automóvel: Analiza metalowych klastrów karbonylowych z wykorzystaniem numerów szkieletowych (Paperback). Edição polaca.

Enos Kiremire

Categorização e Teoria de Grafos Simples de Clusters Dourados.

Enos Kiremire

Publicado por LAP Lambert Academic Publishing Set 2018 (2018)

ISBN 10: 3659753254
ISBN 13:9783659753251

Prosta teoria graficzna klastrów Zintl i Matryoshka (Edição polaca).

Enos Kiremire

Categorização de aglomerados de carbono: Analisi dei gruppi carbonilici metallici di transizione utilizzando i numeri scheletrici (Italian Edition).

Enos Kiremire

Uma teoria simples das garras de Zintl e Matryoshka (Edição francesa).

Enos Kiremire

Classificação dos grupos de carbonos: Análise dos grupos de carbonos de metais de transição com o auxílio de números esqueletos (French Edition).

Enos Kiremire

Categorización de las agrupaciones de carbonilo: Analizando grupos de transición de metal carbonilo usando números esqueléticos (Spanish Edition).

Enos Kiremire

Categorização dos Clusters de Carbonil: Análise de Clusters de Carbonilo de Transição de Metal Usando Números Esqueletais (Portuguese Edition).

Enos Kiremire

Aplicação de números esqueléticos para categorizar aglomerados químicos.

Enos Kiremire

A PROVA DA DUPLA COBERTURA DOS AGLOMERADOS QUÍMICOS.

Enos Kiremire

ISBN 10: 6202517484 ISBN 13: 9786202517485
Editora: LAP LAMBERT Academic Publishing, 2020

LA PROVA DELLA DOPPIA COPERTURA DEI CLUSTER CHIMICI: CLUSTERS (italiano) (Brochura). (6200852464/9786200852465).

Enos Kiremire

DOWÓD NA PODWÓJNE OGRANICZENIE KLASTRÓW CHEMICZNYCH: CLUSTERS (Edição polaca).

Enos Kiremire

A PROVA DO DUPLO TAPADO DOS GRUPOS QUÍMICOS:

Enos Kiremire

CLUSTERS (Edição espanhola).

A PREOCUPAÇÃO DO DUPLO PLAFONAMENTO DOS CLUSTERS CHIMIQUES: CLUSTERS (Edição francesa).

Enos Kiremire

O que se passa com a limpeza de aglomerados químicos: os KLANTEN (Edição holandesa).

Enos Kiremire

A PROVA DO DUPLO NIVELAMENTO DOS AGLOMERADOS QUÍMICOS: CLUSTERS (Portuguese Edition).

Enos Kiremire

Funções Geradoras de Fórmulas de Aglomerados: de Ósmio, Ródio, Rénio, Paládio e Ouro (Brochura). Publicado por LAP Lambert Academic Publishing, N/A (2018)

ISBN 10: 6139963834

ISBN 13: 9786139963836

Enos Kiremire

O CONCEITO DE NÚCLEO DE AGLOMERADO QUÍMICO

ISBN:10: 6202556528

ISBN:13:97862025556521

Enos Kiremire

O CÓDIGO SECRETO

ISBN 10: 6203040835 / ISBN 13: 9786203040838

Publicado por LAP Lambert Academic Publishing

CATEGORIZAÇÃO DOS HIDROCARBONETOS E FUNÇÃO GERADORA INTRÍNSECA

Prof. Enos Kiremire

ISBN 10: 6203025658 / ISBN 13: 9786203025651

Publicado por LAP Lambert Academic Publishing

NÚMEROS ESQUELÉTICOS E LIGAÇÕES NA SIMETRIA DE AGRUPAMENTO
ISBN-13: 978-620-3-19763-1
ISBN-10: 6203197637
EAN: 9786203197631
DER GEHEIMCODE: ZUR BILDUNG VON CARBONILENOS METÁLICOS E SEUS DERIVADOS AUSGESETZT (Edição alemã)
Kiremire Enos
ISBN 10: 6203330604 ISBN 13: 9786203330601
Editora: Verlag Unser Wissen, 2021
Il Codice Segreto (Edição italiana)
Kiremire Enos
ISBN 10: 6203330639 ISBN 13: 9786203330632
Editora: Edições Sapienza, 2021
LE CODE SECRET: POUR LA FORMATION DE CARBONYLES DE MÉTAUX DE TRANSITION ET LEURS APPARENTÉS EXPOSÉS (French Edition)
Kiremire Enos
ISBN 10: 6203330620 ISBN 13: 9786203330625
Editora: Edições Notre Savoir, 2021
O CÓDIGO SECRETO: PARA A FORMAÇÃO DE CARBONILOS METÁLICOS DE TRANSIÇÃO E SEUS PARENTES EXPOSTOS (Portuguese Edition)
Kiremire Enos
ISBN 10: 6203330663 ISBN 13: 9786203330663
Editora: Edições Nosso Conhecimento, 2021
O CÓDIGO SECRETO: PARA A FORMAÇÃO DE CARBONILOS METÁLICOS DE TRANSIÇÃO E SEUS PARENTES EXPOSTOS (Portuguese Edition)
Kiremire Enos
ISBN 10: 6203330663 ISBN 13: 9786203330663
Editora: Edições Nosso Conhecimento, 2021
TAJNY KOD: DO TWORZENIA KARBONYLI METALI PRZEJSCIOWYCH I ICH POCHODNYCH NARAZONYCH (Edição polaca)
Kiremire Enos
ISBN 10: 6203330655 ISBN 13: 9786203330656
Editora: Wydawnictwo Nasza Wiedza, 2021

NÚMEROS ESQUELÉTICOS E LIGAÇÕES NA SIMETRIA DE AGRUPAMENTO

Enos Masheija Rwantale Kiremire

ISBN 10: 6203197637 / ISBN 13: 9786203197631

Publicado por LAP Lambert Academic Publishing

A TOPOLOGIA NATURAL DOS AGLOMERADOS QUÍMICOS: BASEADA EM VALÊNCIAS ESQUELÉTICAS E TRIÂNGULOS

Prof. Enos Kiremire

ISBN 10: 6203201723 ISBN 13: 9786203201727

Editora: LAP LAMBERT Academic Publishing, 2021

A nova teoria dos aglomerados como um companheiro vital para o cristal de raios X refinado: análise estrutural de aglomerados químicos

Kiremire Enos

Capa mole

ISBN 10: 620340991X ISBN 13: 9786203409918

Editora: LAP LAMBERT Academic Publishing, 2021

CATEGORIZAÇÃO DE HIDROCARBONETOS E FUNÇÃO GERADORA INTRÍNSECA: DE AGLOMERADOS QUÍMICOS

Kiremire, Prof. Enos

ISBN 10: 6203025658 ISBN 13: 9786203025651

Editora: LAP LAMBERT Academic Publishing, 2020

O CONCEITO DE UM NÚCLEO DE AGREGADOS QUÍMICOS

di Prof. Enos Kiremire | 9 set. 2020

CONCEPÇÃO DE PRODUTOS QUÍMICOS PARA A SAÚDE

di Prof. Enos Kiremire | 9 set. 2020

Copertina flessibile

O CONCEITO DE UM AGLOMERADO QUÍMICO

di Prof. Enos Kiremire | 9 set. 2020

Copertina flessibile

O CONCENTRADO DE NÚCLEO DE UM AMASSO QUÍMICO

di Prof. Enos Kiremire | 9 set. 2020

Copertina flessibile

O CONCEITO DE NÓ DE UVA QUÍMICA

di Prof. Enos Kiremire | 9 set. 2020

Copertina flessibile

MIX
Papier aus verantwortungsvollen Quellen
Paper from responsible sources
FSC® C105338

Printed by Books on Demand GmbH, Norderstedt / Germany